CAXA 数控车

CAXA SHUKONGCHE

主　编　钱海云

副主编　夏　令　张荣霄

参　编　李明虎　王　永

　　　　耿　宇　张于静

　　　　雷　平

西南交通大学出版社

·成都·

图书在版编目（CIP）数据

CAXA 数控车／钱海云主编．—成都：西南交通大学出版社，2015.5（2020.7 重印）
ISBN 978-7-5643-3899-2

Ⅰ．①C… Ⅱ．①钱… Ⅲ．①自动绘图 – 软件包 – 高等职业教育 – 教材 Ⅳ．①TP391.72

中国版本图书馆 CIP 数据核字（2015）第 107943 号

CAXA 数 控 车

主编　钱海云

责 任 编 辑	李　伟
封 面 设 计	墨创文化
出 版 发 行	西南交通大学出版社 （四川省成都市金牛区二环路北一段 111 号 西南交通大学创新大厦 21 楼）
发 行 部 电 话	028-87600564　028-87600533
邮 政 编 码	610031
网　　　　址	http://www.xnjdcbs.com
印　　　　刷	四川煤田地质制图印刷厂
成 品 尺 寸	185 mm × 260 mm
印　　　　张	12
字　　　　数	295 千
版　　　　次	2015 年 5 月第 1 版
印　　　　次	2020 年 7 月第 6 次
书　　　　号	ISBN 978-7-5643-3899-2
定　　　　价	29.80 元

课件咨询电话：028-81435775
图书如有印装质量问题　本社负责退换
版权所有　盗版必究　举报电话：028-87600562

编委会

主　　任　周成岗

副 主 任　周世华

编　　委　谭文东　付学芝　曹五军　关红耀
　　　　　　张智全　施国文　奎　宇　钱海云
　　　　　　夏　令　张荣霄　李明虎　王　永

前　言

本书根据国家人力资源和社会保障部颁发的全国中等职业技术学校机械类专业教学计划与教学大纲编写而成，是中等职业技术学校机械类专业教学教材。

为适应数控车新技术的发展要求，满足中等职业技术学校实际教学的需要，编者在总结使用以往教材中得出的经验和暴露出的不足的基础上，围绕教学大纲中规定的任务、内容、教学目标和要求，根据本专业的特点和学生的认知规律编写了本书。本书遵循理论服务于技能、突出技能操作训练的原则，在结构上注意了内容的前后衔接，在知识与示例间也注意了内容的系统性、连贯性、条理性和完整性。在内容的选择上，编者进行了精心细致的筛选和整合，删掉了一些文字叙述偏多、偏烦琐的内容，保证重点，淡化难点。

该书的主要特点如下：

（1）整合了"CAXA制图""车削工艺""零件装夹"及"数控车程序编程"等经典课程的基础性教学内容，使分散在原来4门课程中的内容融会贯通、紧密配合，成为有机联系的知识体系，避免简单的拼凑，同时反映了当代科学技术的最新成果和发现。

（2）教材内容表现操作的指导性，增强了教材的可读性，使教材富有亲和力。内容力求叙述精炼、条理清楚、详略得当，用语严谨规范。

（3）通过对典型零件加工的分析，使软件使用与零件加工联系成为有机的知识整体。

（4）实训内容突出实用原则，注意实训内容的可操作性，删去了个别实训条件受限的实训项目。

全书共分3章：第1章CAXA数控车的基本操作，主要介绍加工界面、加工方法、参数修改、轨迹仿真概述，加工前基本设置，后置处理。第2章车削加工方法介绍，主要介绍轮廓粗车、轮廓精车、切槽、钻中心孔、车螺纹、螺纹固定循环、等截面粗加工、等截面精加工、径向G01钻孔、端面G01钻孔、埋入式键槽加工、开放式键槽加工。第3章典型产品的车削加工，主要举例介绍8种典型零件CAXA数控车加工，对前面所述知识的理解起到巩固加深的作用。本书由云南技师学院钱海云担任主编，夏令、张荣霄担任副主编，李明虎、王永及北京数码大方科技股份有限公司耿宇、张于静、雷平参编。

本书可作为中等职业技术学校、高等职业院校机械类专业教学用书，也可供数控专业人员参考。

由于编者水平有限，书中难免有不足和遗漏之处，欢迎各位专家、同仁在使用中将发现的问题及时反馈给我们，多提宝贵意见。

编　者
2014年12月

目 录

1 CAXA 数控车的基本操作 ·· 1
   1.1 加工界面、加工方法、参数修改、轨迹仿真概述 ······································ 1
   1.2 加工前基本设置 ··· 19
   1.3 后置处理 ··· 21
2 车削加工方法介绍 ·· 26
   2.1 轮廓粗车 ··· 26
   2.2 轮廓精车 ··· 32
   2.3 切　槽 ·· 37
   2.4 钻中心孔 ··· 42
   2.5 车螺纹 ·· 45
   2.6 螺纹固定循环 ·· 50
   2.7 等截面粗加工 ·· 54
   2.8 等截面精加工 ·· 60
   2.9 径向 G01 钻孔 ··· 65
   2.10 端面 G01 钻孔 ··· 67
   2.11 埋入式键槽加工 ··· 70
   2.12 开放式键槽加工 ··· 74
3 典型产品的车削加工 ·· 79
   3.1 零件 1 的车削加工 ··· 79
   3.2 零件 2 的车削加工 ··· 94
   3.3 零件 3 的车削加工 ·· 109
   3.4 零件 4 的车削加工 ·· 126
   3.5 零件 5（锥形轴）的车削加工 ·· 138
   3.6 零件 6 的车削加工 ·· 148
   3.7 零件 7（锥形轴）的车削加工 ·· 156
   3.8 零件 8（锯齿轴）的车削加工 ·· 169

参考文献 ·· 183

第1章　CAXA数控车的基本操作

CAXA数控车具有轨迹生成及通用后置处理功能，软件提供了功能强大、使用简洁的轨迹生成手段，可按加工要求生成各种复杂图形的加工轨迹；通用的后置处理模块使CAXA数控车可以满足各种机床的代码格式，可输出G代码，并可对生成的代码校验及仿真加工。

1.1　加工界面、加工方法、参数修改、轨迹仿真概述

通过打开CAXA数控车软件了解加工界面、加工方法和软件的相关操作，从而体会到CAXA数控车是一款功能强大、实用的CAD/CAM软件系统。

1.1.1　加工界面

打开CAXA数控车软件后，可以了解到，CAXA数控车软件是一款纯中文编程软件，可以通过下拉式菜单操作，也可以通过输入命令完成操作。

加工界面包括以下功能：
（1）图形绘制和编辑功能，能快速完成需要加工的图形绘制和编辑；
（2）加工功能，提供多种加工方式，能完成内外轮廓粗、精加工；提供切槽、钻中心孔、车螺纹等实际生产过程中需要的加工方式；
（3）后置处理模块，通用后置可以根据企业的机床自定义后置，满足多种数控车床的后置需求；
（4）支持车铣复合设备，支持车削中心及车铣复合机床的钻孔、槽加工等多种加工方式；
（5）轨迹仿真，对生成的加工轨迹进行加工过程仿真模拟，以检查加工轨迹的正确性。

1.1.2　加工方法

CAXA数控车的加工方法有轮廓粗车、轮廓精车、切槽、钻中心孔、车螺纹、螺纹固定循环等，现在分别就这几种加工方法逐一进行介绍。

1.1.2.1　轮廓粗车

轮廓粗车用于实现对工件外轮廓表面、内轮廓表面和端面的粗车加工，用来快速清除毛坯的多余部分。

1. 操作步骤

(1)在菜单栏"数控车"子菜单区中选取"轮廓粗车",或者在工具条中点击 图标,系统弹出加工参数表,如图 1.1 所示。在参数表中首先要确定被加工的是外轮廓表面,还是内轮廓表面或端面,接着按加工要求确定其他各加工参数。

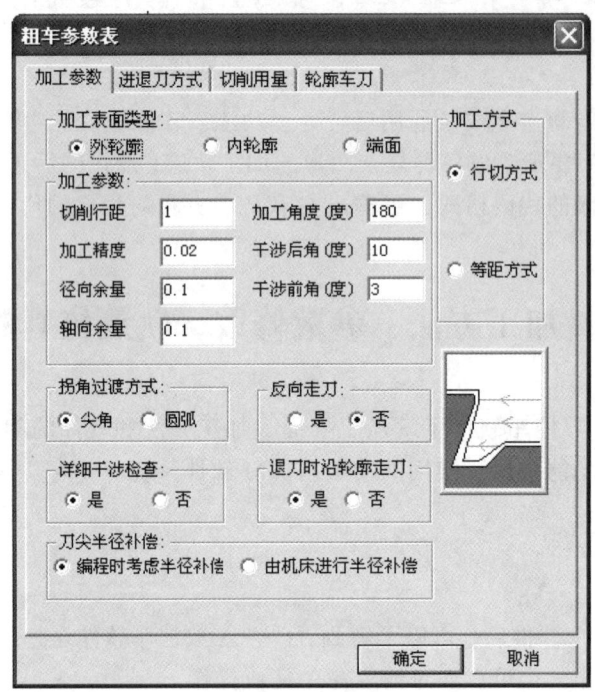

图 1.1 粗车参数表

(2)确定参数后拾取被加工工件轮廓和毛坯轮廓,拾取方法有"链拾取""单个拾取""限制链拾取"。对于多段曲线组成的轮廓,使用"限制链拾取"将极大地方便拾取。拾取箭头方向与实际的加工方向无关。

(3)确定进退刀点,生成加工轨迹,如图 1.2 所示。

图 1.2 加工轨迹

（4）在"数控车"子菜单区中选取"代码生成"功能项，或者在工具条中点击 图标，拾取刚生成的刀具轨迹，即可生成加工指令，如图1.3所示。

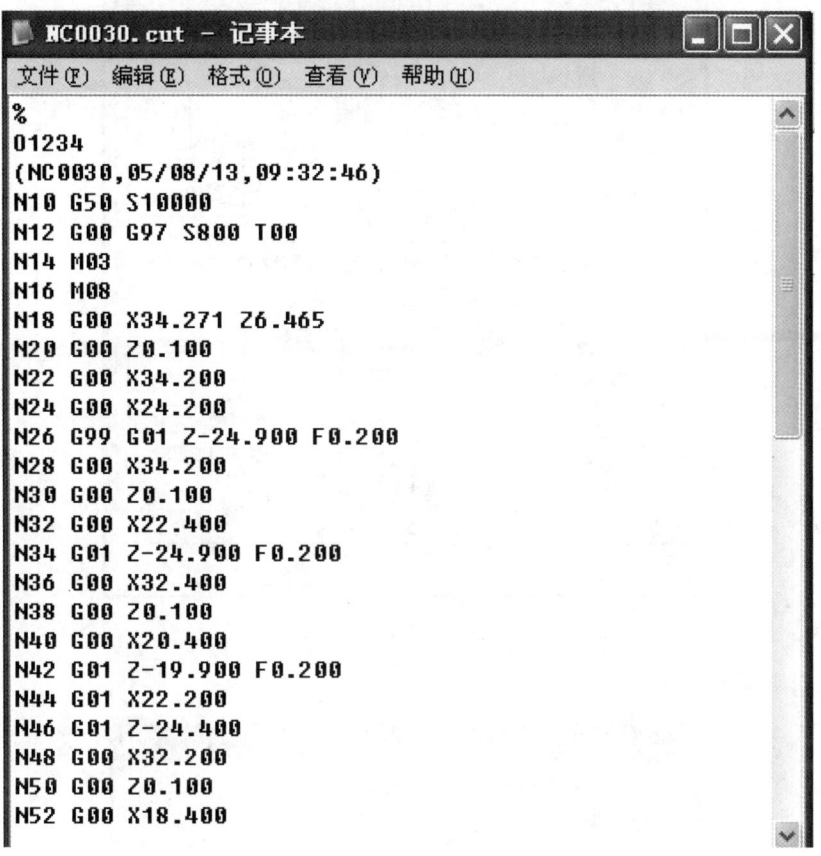

图1.3 加工指令

2. 轮廓粗车参数设置

（1）加工参数涉及下述参数，如图1.1所示。

① 加工表面类型：外轮廓、内轮廓、端面；

② 加工参数：切削行距、加工精度、径向余量、轴向余量、加工角度、干涉后角、干涉前角；

③ 拐角过渡方式：尖角、圆弧；

④ 反向走刀；

⑤ 详细干涉检查；

⑥ 退刀时沿轮廓走刀；

⑦ 刀尖半径补偿：编程时考虑半径补偿、由机床进行半径补偿；

⑧ 加工方式：行切方式、等距方式。

（2）进退刀方式如图1.4所示。

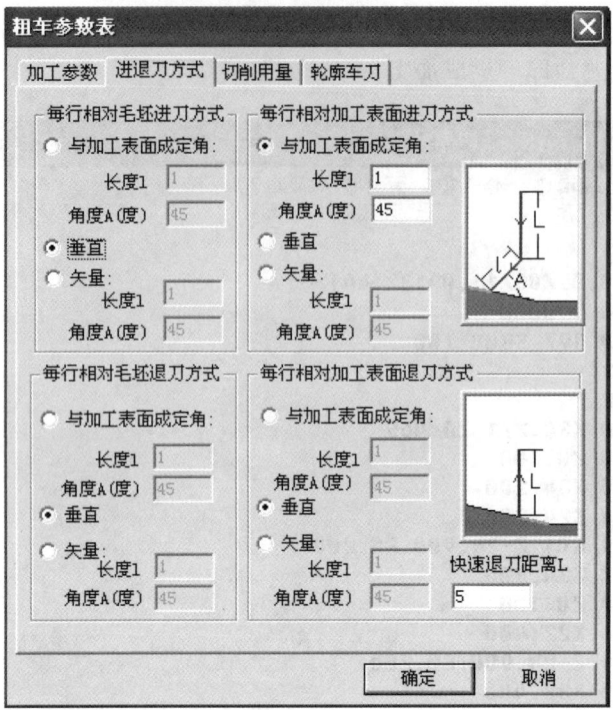

图 1.4　进退刀方式

（3）切削用量如图 1.5 所示。

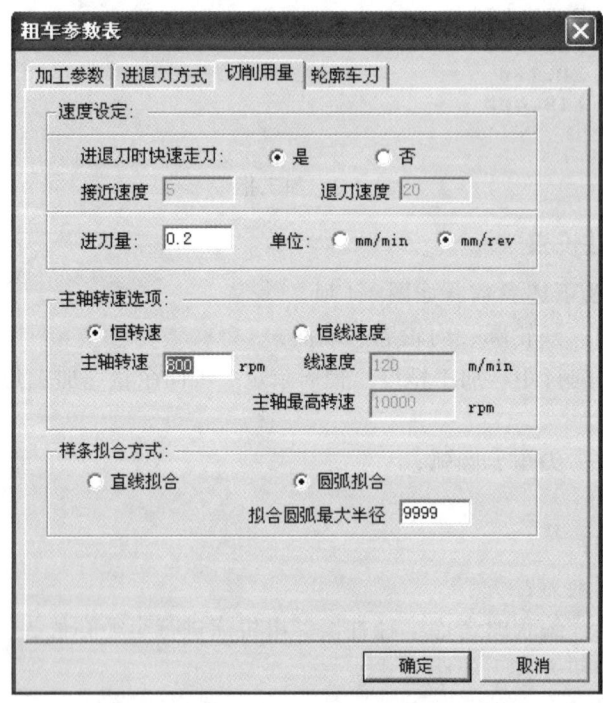

图 1.5　切削用量

（4）轮廓车刀如图 1.6 所示。

1 CAXA 数控车的基本操作

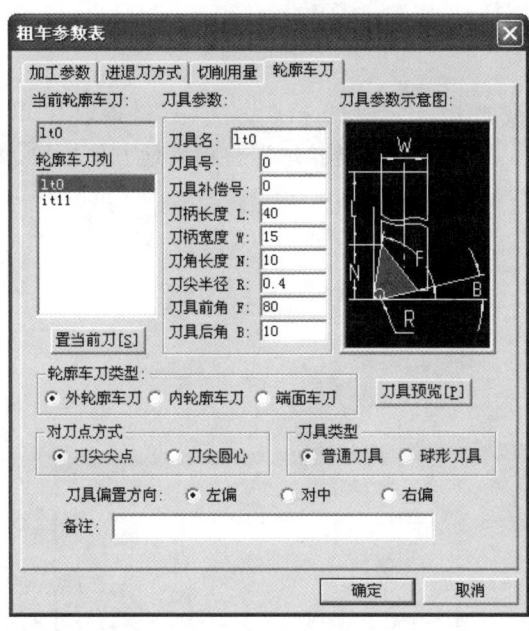

图 1.6 轮廓车刀

1.1.2.2 轮廓精车

轮廓精车用于实现对工件外轮廓表面、内轮廓表面和端面的精车加工。

1. 操作步骤

（1）在菜单栏"数控车"子菜单区中选取"轮廓精车"，或者在工具条中点击 图标，系统弹出加工参数表，如图 1.7 所示。

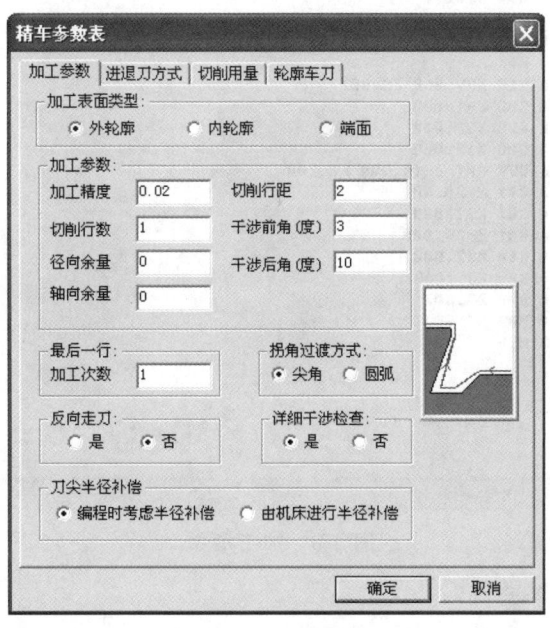

图 1.7 精车参数表

在参数表中首要要确定被加工的是外轮廓表面,还是内轮廓表面或端面,接着按加工要求确定其他各加工参数。

(2)确定参数后拾取被加工工件轮廓,拾取方法有"链拾取""单个拾取""限制链拾取"。对于多段曲线组成的轮廓,使用"限制链拾取"将极大地方便拾取。拾取箭头方向与实际的加工方向无关。

(3)确定进退刀点,生成加工轨迹,如图1.8所示。

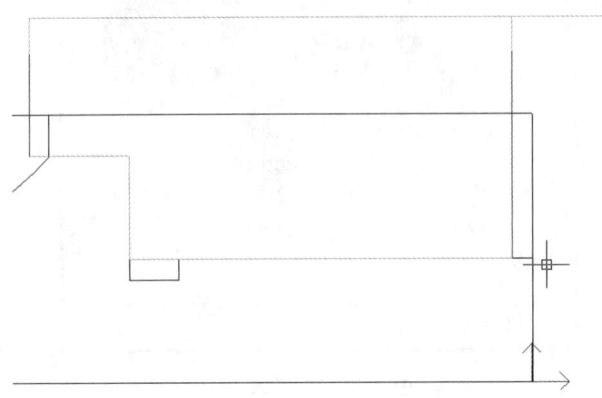

图1.8 加工轨迹

(4)在"数控车"子菜单区中选取"代码生成"功能项,或者在工具条中点击 图标,拾取刚生成的刀具轨迹,即可生成加工指令,如图1.9所示。

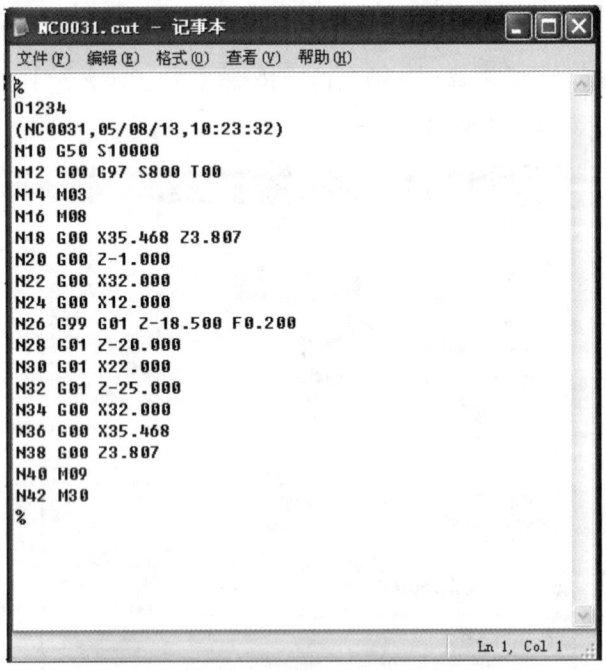

图1.9 加工指令

2. 轮廓精车参数设置

(1)加工参数如图1.7所示。

（2）进退刀方式如图 1.10 所示。

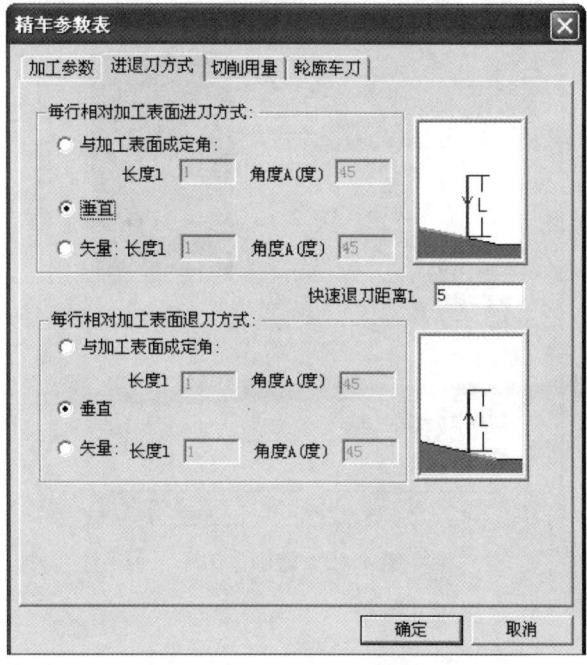

图 1.10　进退刀方式

（3）切削用量如图 1.11 所示。

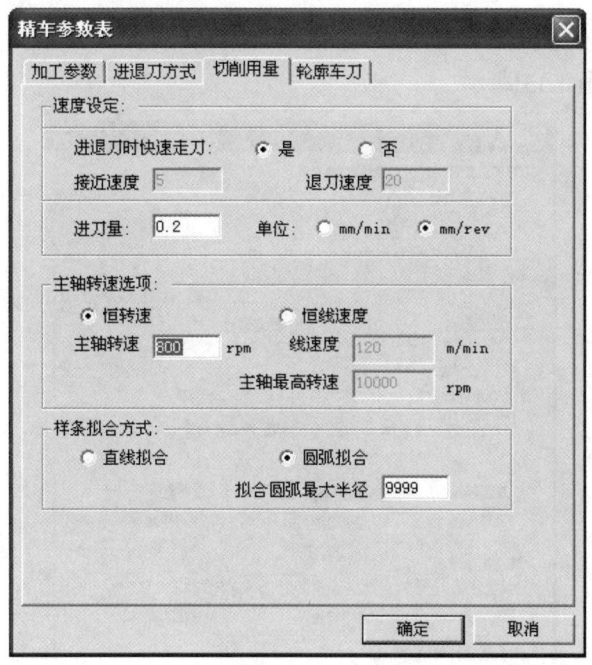

图 1.11　切削用量

（4）轮廓车刀如图 1.12 所示。

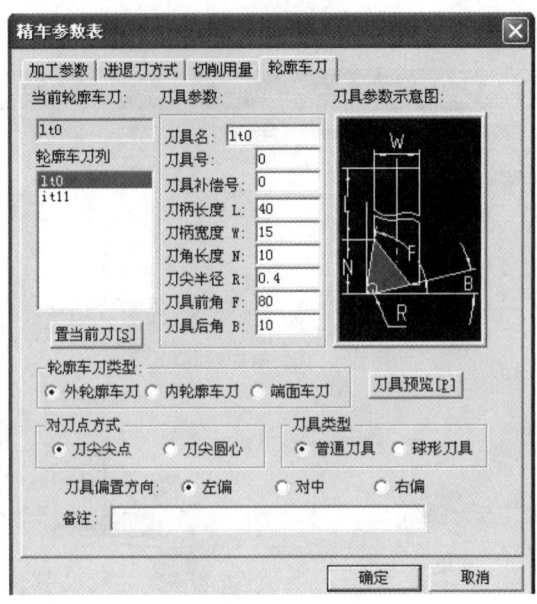

图 1.12 轮廓车刀

1.1.2.3 切　槽

切槽用于在工件外轮廓表面、内轮廓表面和端面切槽。

1．操作步骤

（1）在菜单栏"数控车"子菜单区中选取"切槽"，或者在工具条中点击 图标，系统弹出加工参数表，如图 1.13 所示。

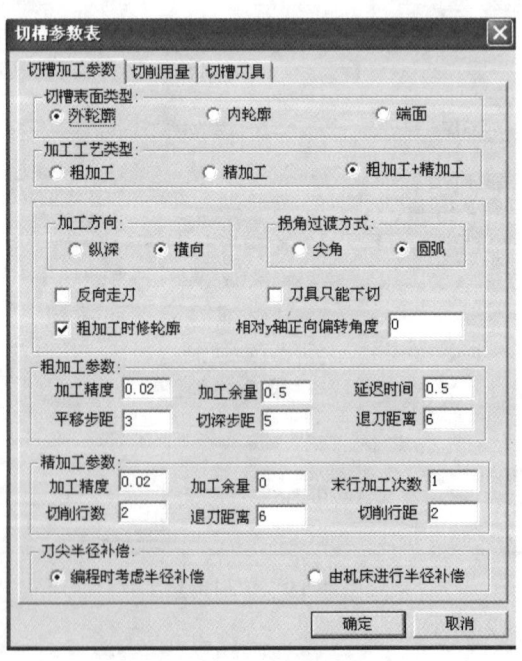

图 1.13 切槽参数表

在参数表中首先要确定被加工的是外轮廓表面，还是内轮廓表面或端面，接着按加工要求确定其他各加工参数。

（2）确定参数后拾取被加工工件轮廓，拾取方法有"链拾取""单个拾取""限制链拾取"。对于多段曲线组成的轮廓使用"限制链拾取"将极大地方便拾取。拾取箭头方向与实际的加工方向无关。

（3）确定进退刀点，生成加工轨迹，如图 1.14 所示。

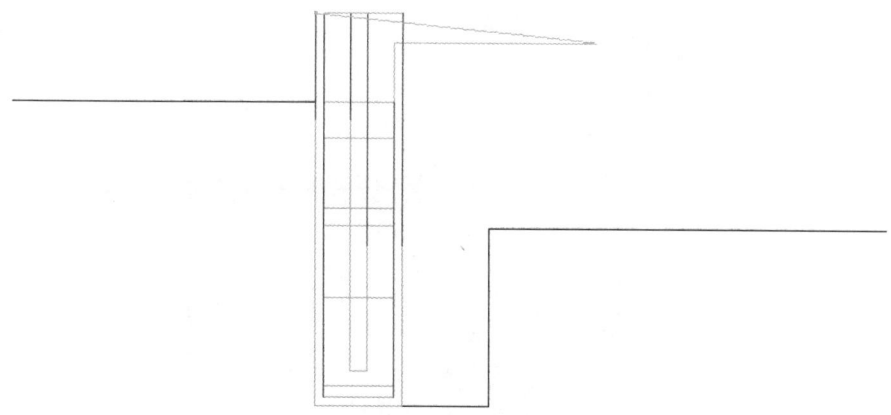

图 1.14　加工轨迹

（4）在"数控车"菜单区中选取"代码生成"功能项，或者在工具条中点击 图标，拾取刚生成的刀具轨迹，即可生成加工指令，如图 1.15 所示。

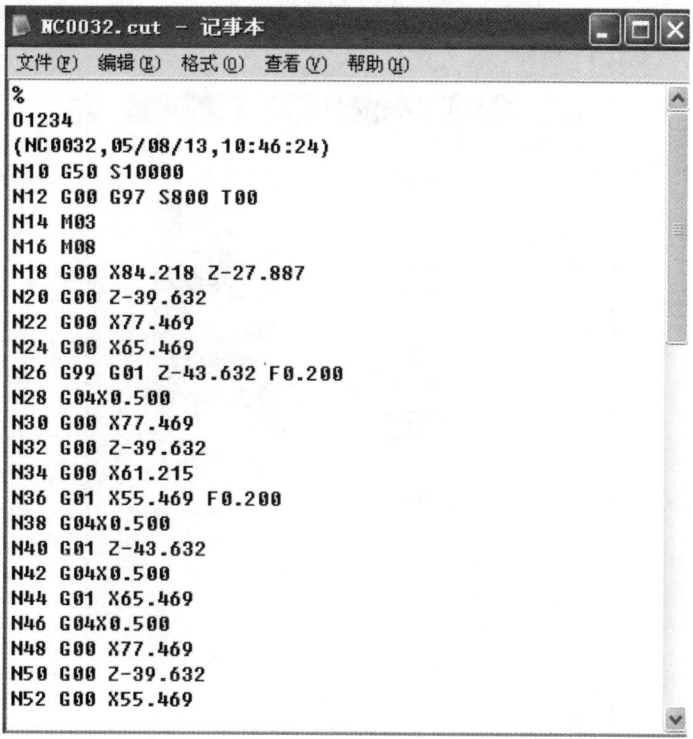

图 1.15　加工指令

2．切槽参数设置

（1）加工参数如图 1.13 所示。

（2）切削用量如图 1.16 所示。

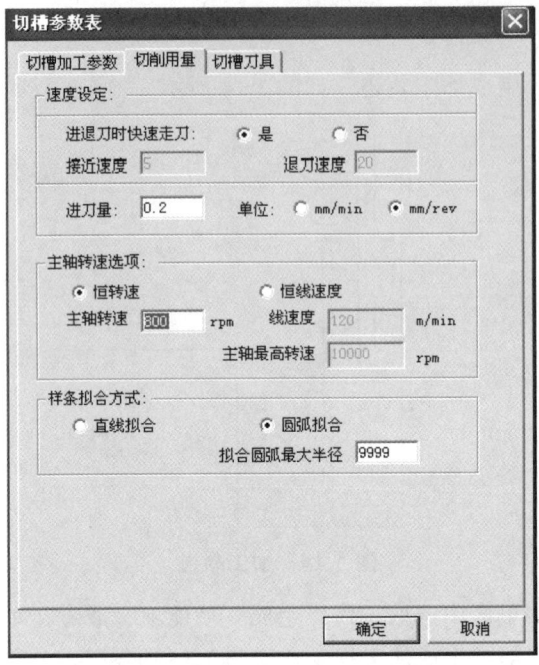

图 1.16 切削用量

（3）切槽刀具如图 1.17 所示。

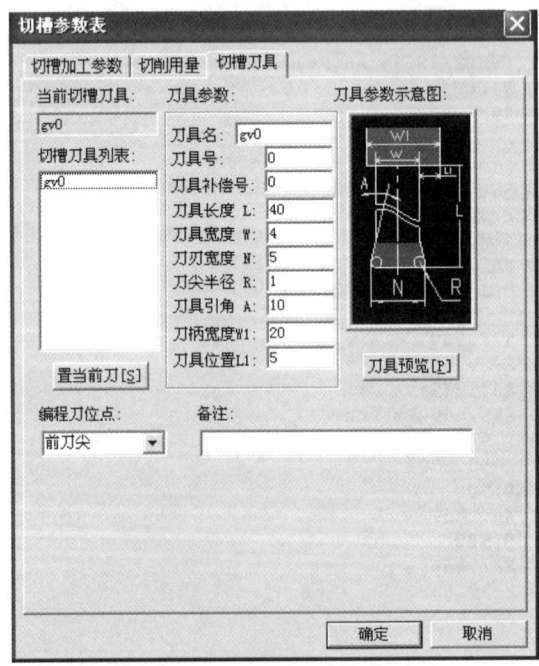

图 1.17 切槽刀具

1.1.2.4 钻中心孔

在车床上进行钻孔加工只能在工件的旋转中心钻孔。钻孔加工提供了多种钻孔方式。

1. 操作步骤

(1) 在菜单栏"数控车"子菜单区中选取"钻中心孔",或者在工具条中点击 图标,系统弹出加工参数表,如图 1.18 所示。

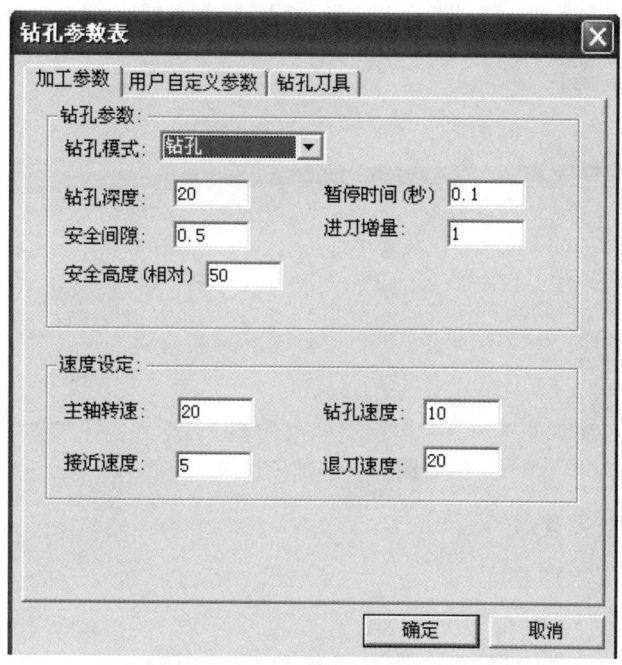

图 1.18 钻孔参数表

在参数表中确定各加工参数。

(2) 拾取钻孔点。

(3) 生成加工轨迹,如图 1.19 所示。

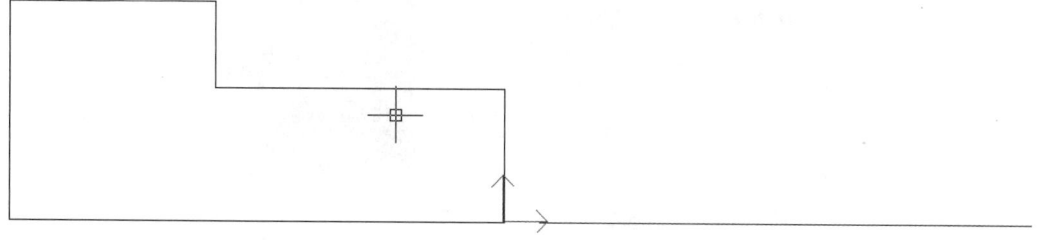

图 1.19 加工轨迹

(4) 在"数控车"子菜单区中选取"代码生成"功能项,或者在工具条中点击 图标,拾取刚生成的刀具轨迹,即可生成加工指令,如图 1.20 所示。

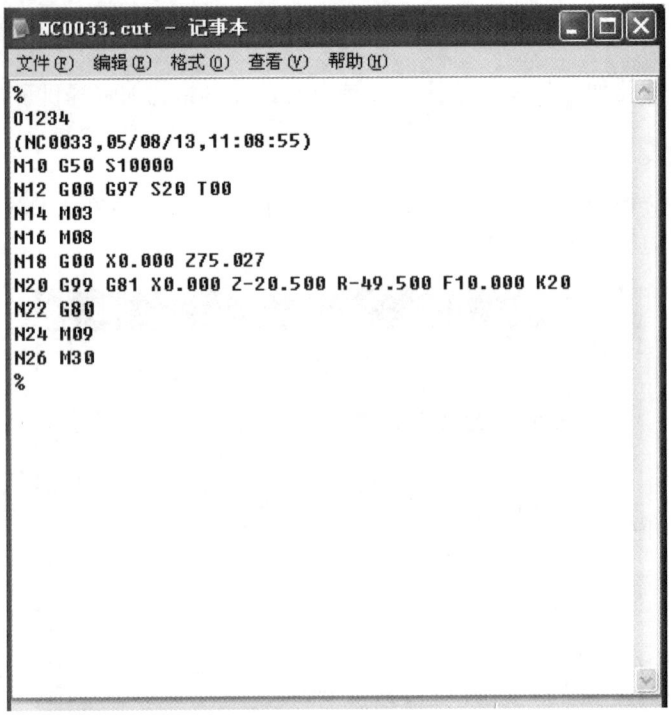

图 1.20 加工指令

2. 钻中心孔参数设置

(1) 加工参数如图 1.18 所示。

(2) 钻孔刀具如图 1.21 所示。

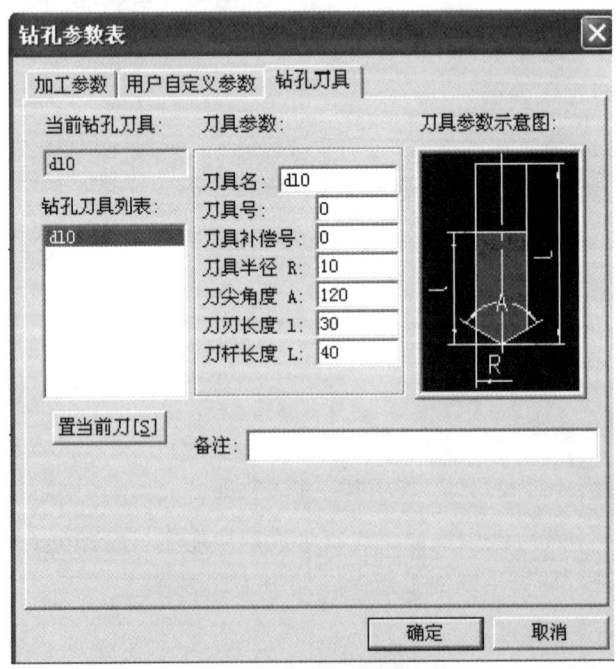

图 1.21 钻孔刀具

1.1.2.5 车螺纹

车螺纹为非固定循环方式加工螺纹，可对螺纹进行加工。

1. 操作步骤

（1）在菜单栏"数控车"子菜单区中选取"车螺纹"，或者在工具条中点击 图标，拾取螺纹起始点和终点，系统弹出加工参数表，如图1.22所示。

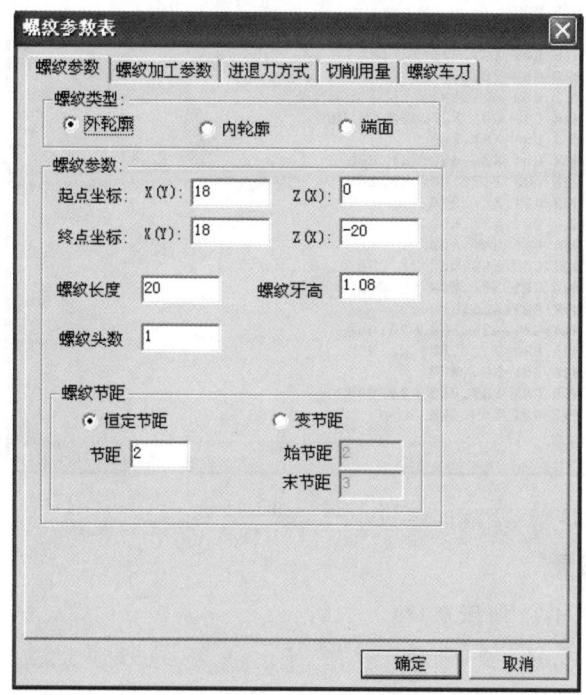

图 1.22 螺纹参数表

按加工要求确定其他各加工参数。

（2）确定进退刀点，生成加工轨迹，如图1.23所示。

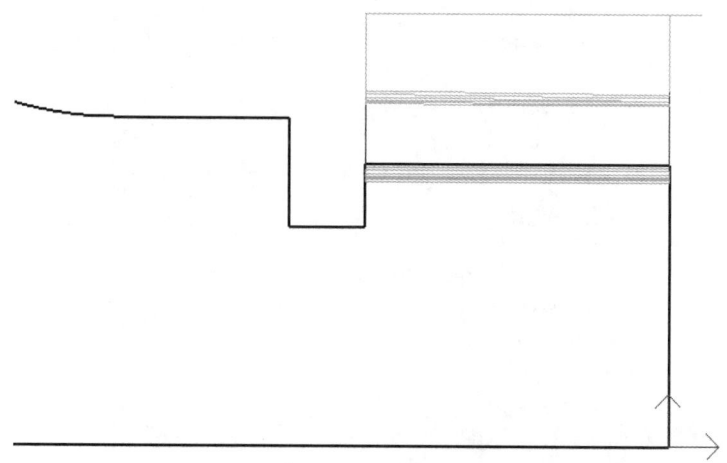

图 1.23 加工轨迹

（3）在"数控车"子菜单区中选取"代码生成"功能项，或者在工具条中点击 图标，拾取刚生成的刀具轨迹，即可生成加工指令，如图1.24所示。

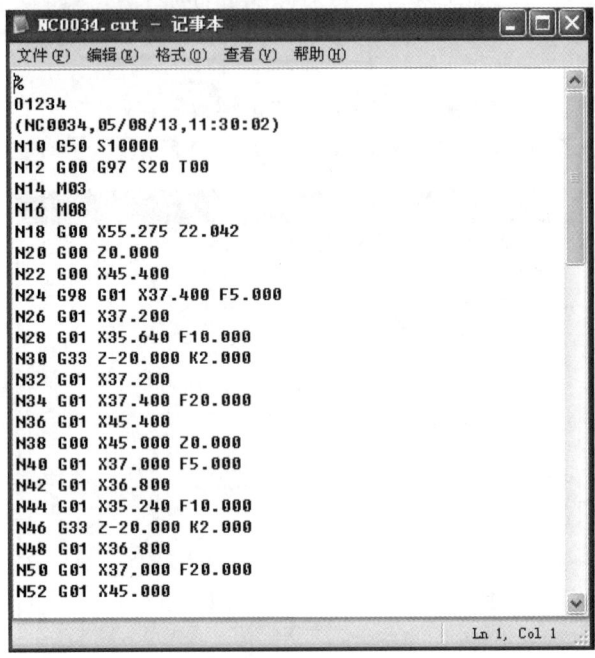

图1.24　加工指令

2．车螺纹参数设置

（1）螺纹参数如图1.22所示。

（2）螺纹加工参数如图1.25所示。

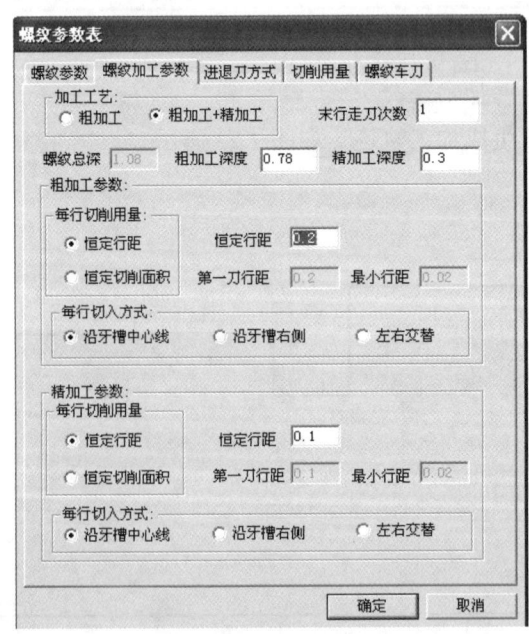

图1.25　螺纹加工参数

（3）进退刀方式如图 1.26 所示。

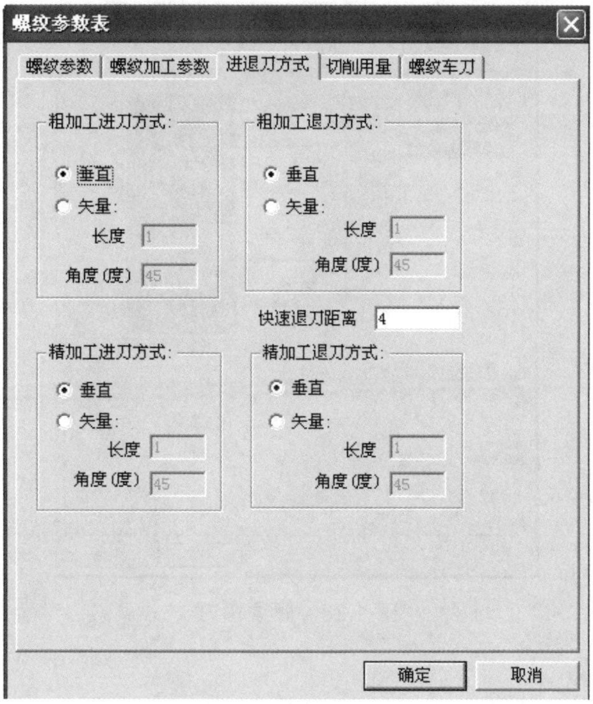

图 1.26 进退刀方式

（4）切削用量如图 1.27 所示。

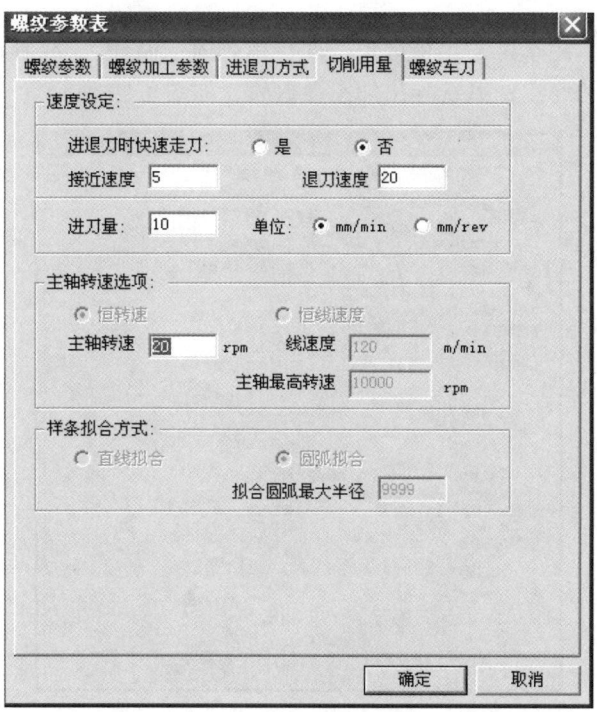

图 1.27 切削用量

（5）螺纹车刀如图 1.28 所示。

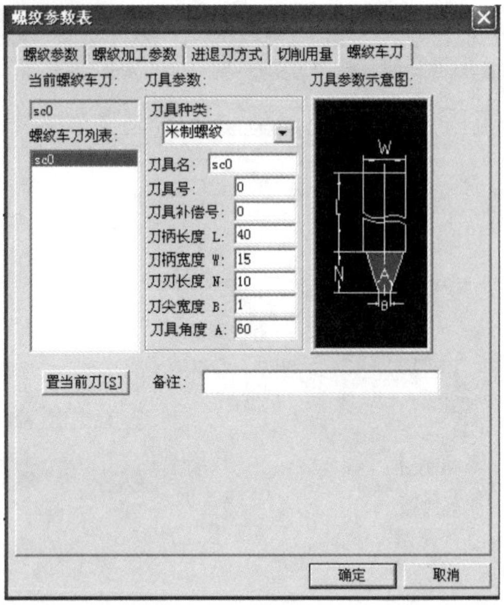

图 1.28　螺纹车刀

1.1.2.6　螺纹固定循环

通过固定循环方式加工螺纹。

1. 操作步骤

（1）在菜单栏"数控车"子菜单区中选取"螺纹固定循环"，或者在工具条中点击 图标，拾取螺纹起始点和终点，系统弹出加工参数表，如图 1.29 所示。

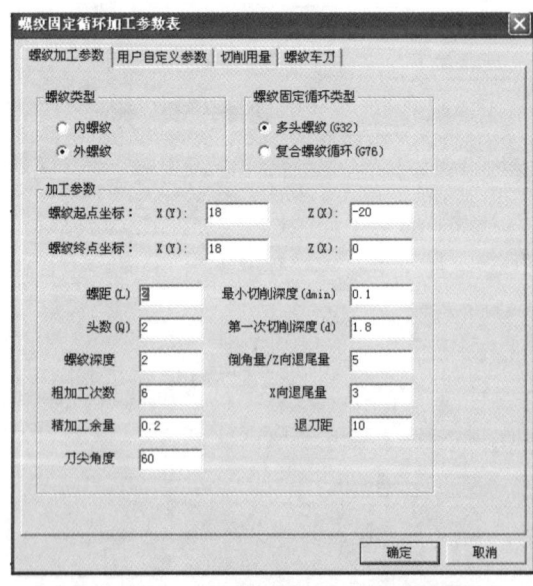

图 1.29　螺纹固定循环加工参数表

按加工要求确定其他各加工参数。

（2）生成加工轨迹，如图1.30所示。

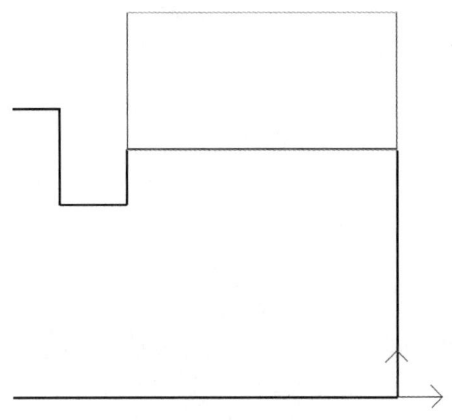

图 1.30　加工轨迹

（3）在"数控车"子菜单区中选取"代码生成"功能项，或者在工具条中点击 图标，拾取刚生成的刀具轨迹，即可生成加工指令，如图1.31所示。

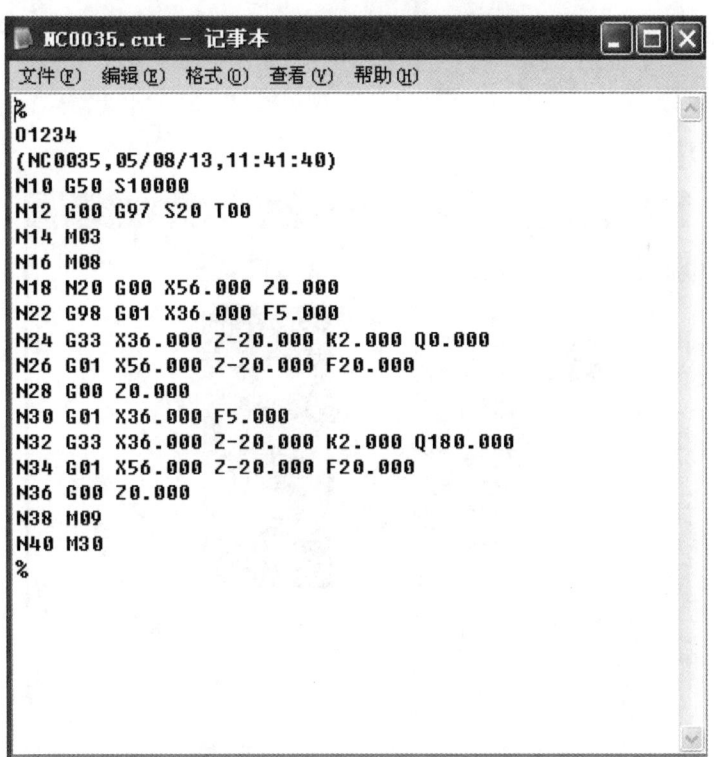

图 1.31　加工指令

2. 螺纹固定循环参数设置

（1）螺纹加工参数如图1.29所示。

（2）切削用量如图1.32所示。

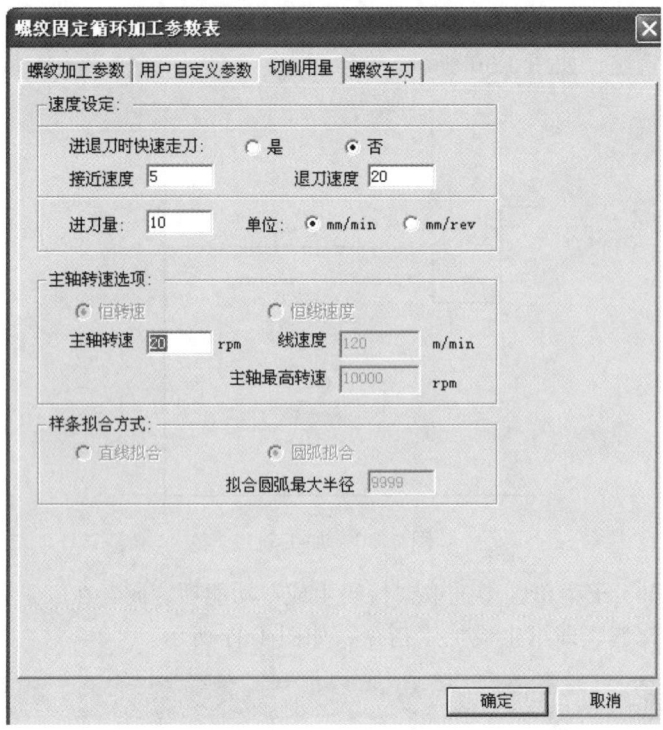

图 1.32 切削用量

（3）螺纹车刀如图 1.33 所示。

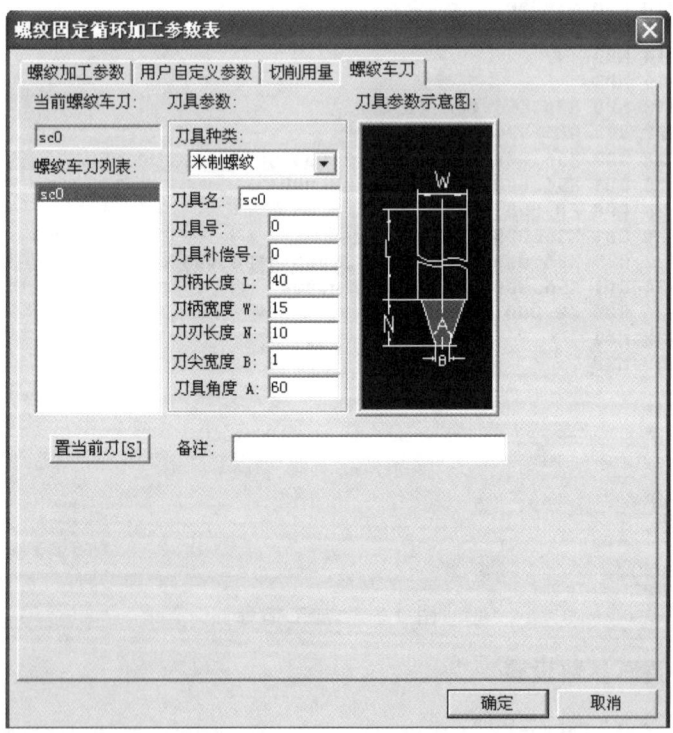

图 1.33 螺纹车刀

1.1.3 参数修改

对生成的轨迹不满意时，可以用参数修改功能对轨迹的各种参数进行修改，以生成新的加工轨迹。

在"数控车"子菜单区中选取"参数修改"，或者在工具条中点击 图标，拾取要进行参数修改的加工轨迹。拾取轨迹后将弹出该轨迹的参数表。参数修改完毕后选取"确定"按钮，即依据新的参数重新生成该轨迹。

1.1.4 轨迹仿真

轨迹仿真用于对已有的加工轨迹进行加工过程模拟，以检查加工轨迹的正确性。

轨迹仿真分为动态仿真、静态仿真和二维实体仿真，仿真时可指定仿真的步长来控制仿真的速度，也可以通过调节速度条控制仿真速度。

轨迹仿真步骤如下：

（1）在"数控车"子菜单区中选取"轨迹仿真"，或者在工具条中点击 图标，同时可指定仿真的类型和仿真的步长。

（2）拾取要仿真的加工轨迹。

（3）按鼠标右键结束拾取，系统弹出仿真控制条，按开始键开始仿真，如图1.34所示。

（4）仿真结束，可以按开始键重新仿真，或者按终止键终止仿真。

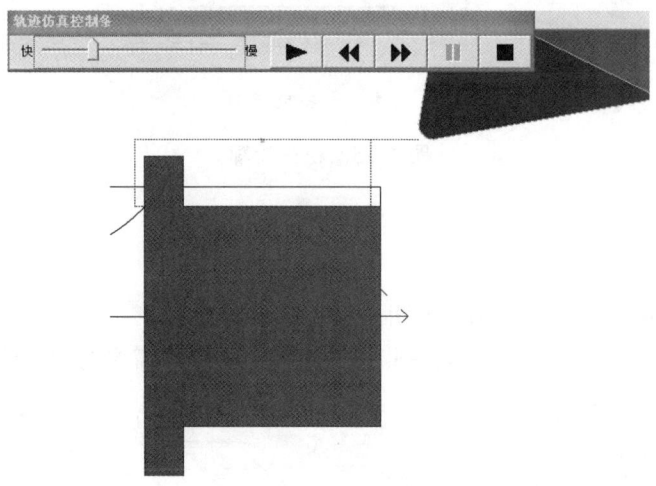

图1.34 轨迹仿真

1.2 加工前基本设置

CAXA数控车创建毛坯功能的操作方法。

毛坯是指还没加工的原料，即需要进行车削加工的材料的外形。根据CAXA数控车的功能，需要根据切削实际情况设定毛坯。下面具体讨论毛坯的设置。

1.2.1　CAXA 数控车毛坯分类

CAXA 数控车提供的粗车方式分为 3 种，即外轮廓粗加工、内轮廓粗加工和端面粗加工，如图 1.35 所示。

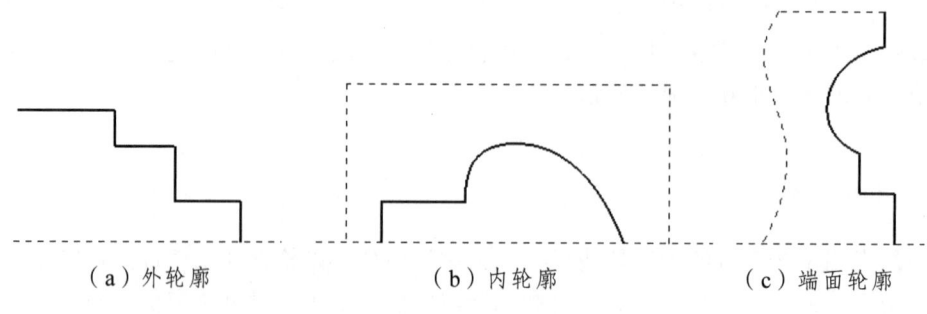

图 1.35　粗车轮廓

图 1.36 为粗铣轮廓。粗线与虚线构成了铣削去除部分。

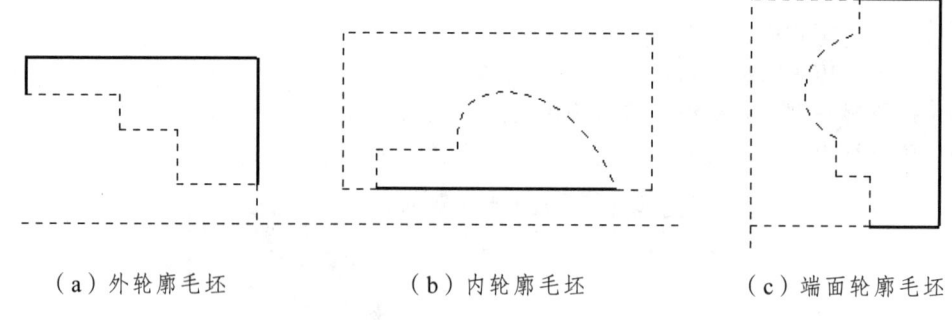

图 1.36　粗铣轮廓

1.2.2　定义毛坯

通过一个典型加工的典型实例来说明。

图 1.37 为需要加工的零件，要去除此零件的多余材料，需要在切削前考虑棒料的尺寸，并根据尺寸来设定毛坯。

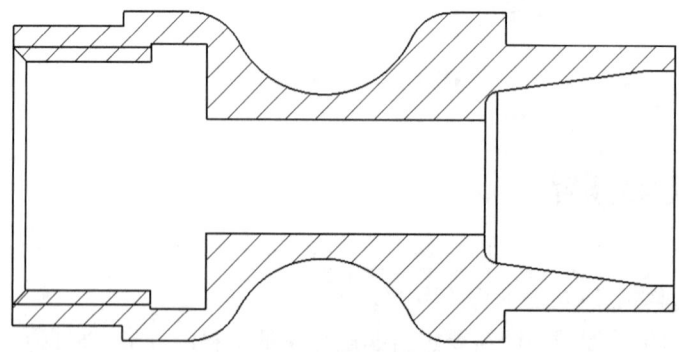

图 1.37　需要加工的零件

定义毛坯时，只需画出要加工部分粗切的外轮廓和毛坯轮廓的上半部分组成的封闭区域（需切除部分）即可，其余线条不用画出。

图 1.38 为加工零件的右边外侧轮廓，只需要画出图中青色线条部分表示毛坯轮廓即可，青色线的径向尺寸和加工棒料尺寸大致一致。

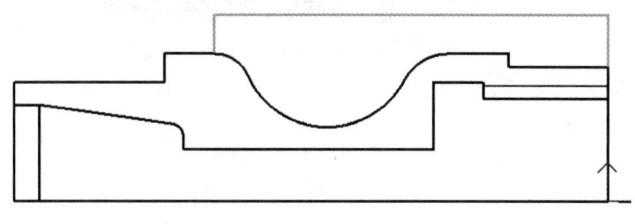

图 1.38 毛坯轮廓

1.2.3 注意事项

加工轮廓与毛坯轮廓必须构成一个封闭区域，被加工轮廓和毛坯轮廓不能单独闭合或自相交。

为便于采用链拾取方式，可以将加工轮廓与毛坯轮廓绘成相交形式，系统能自动求出其封闭区域，如图 1.39 所示。

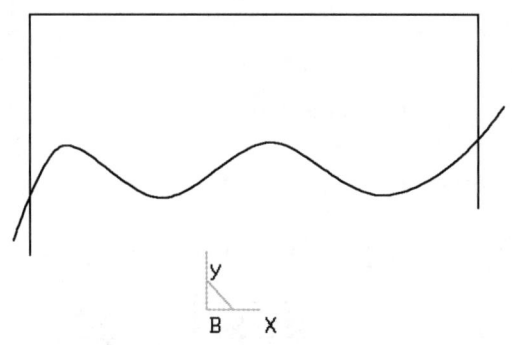

图 1.39 加工轮廓与毛坯轮廓相交

1.3 后置处理

CAXA 数控车后置处理有后置设置、机床设置、G 代码生成、轨迹管理等功能。通过后置处理，对不同控制系统的数控车床提供满足要求的 G 代码，从而完成零件的加工。

1.3.1 后置设置

后置设置就是针对特定的机床，结合已经设置好的机床配置，对后置输出的数控程序的格式，如程序段行号、程序大小、数据格式、编程方式、圆弧控制方式等进行设置。本功能可以设置缺省机床及 G 代码输出选项。机床名选择已存在的机床名作为缺省机床。

在"数控车"子菜单区中选取"后置设置"功能项，或者在工具条中点击 图标，出现"后置处理设置"对话框，如图 1.40 所示。

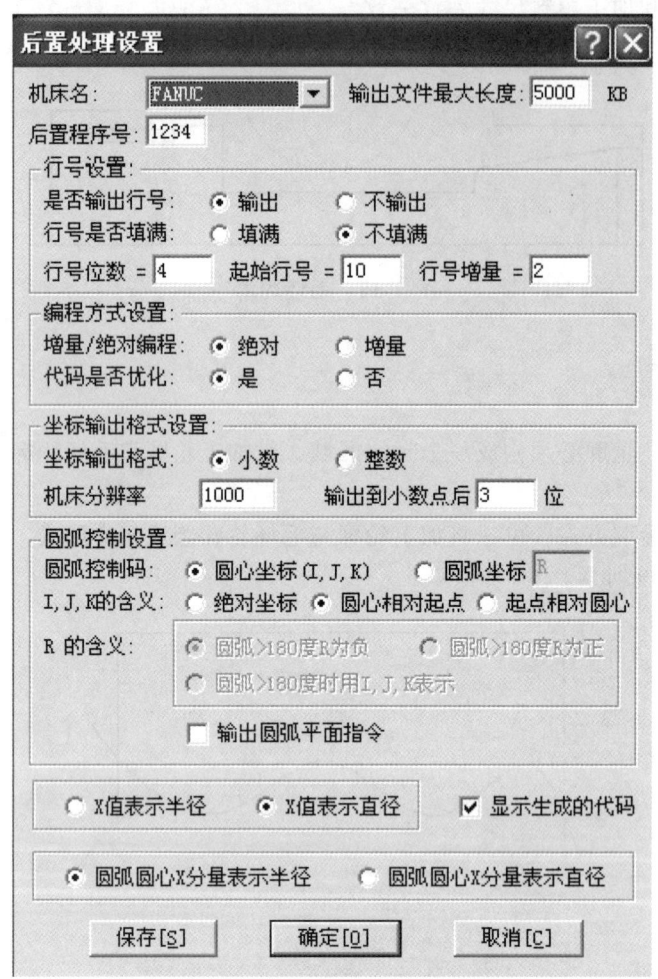

图 1.40　后置处理设置

在"后置处理设置"对话框中分别对机床名称、行号、编程方式、圆弧控制进行设置，然后保存。

1.3.2　机床设置

机床设置就是针对不同的机床、不同的数控系统，设置特定的数控代码、数控程序格式及参数，并生成配置文件。生成数控程序时，系统根据该配置文件的定义生成用户所需要的特定代码格式的加工指令。

在"数控车"子菜单区中选取"机床设置"功能项，或者在工具条中点击 图标，出现"机床类型设置"对话框，如图 1.41 所示。

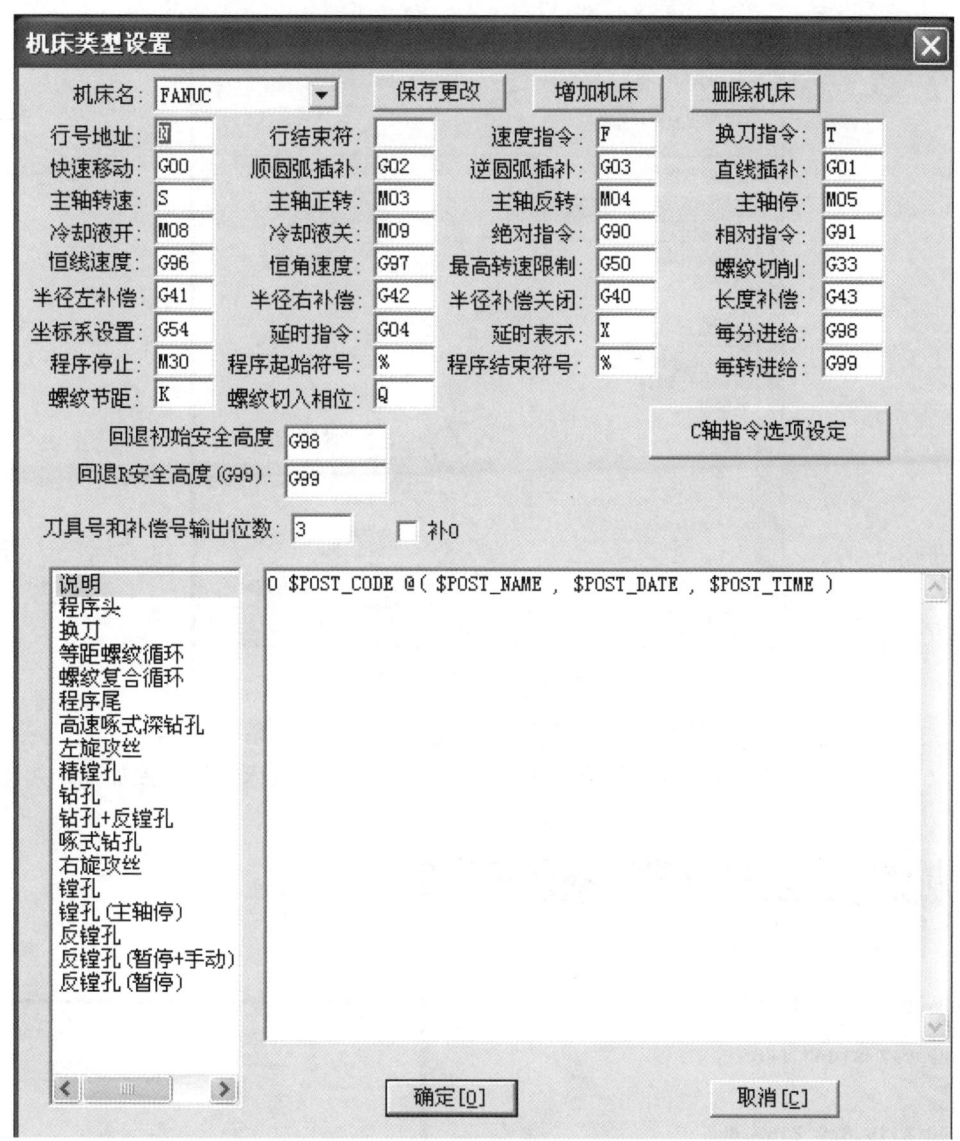

图 1.41　机床类型设置

根据实际情况设置，点击"增加机床"，在对话框输入"机床名称"，对机床的各种指令进行设置，最后点击"保存更改"。

1.3.3　G 代码生成

生成代码就是按照当前机床类型的配置要求，把已经生成的加工轨迹转化生成 G 代码文件，即 CNC 数控程序，有了数控程序就可以直接输入机床进行数控加工。

在"数控车"子菜单区中选取"代码生成"功能项，或者在工具条中点击 图标，出现"生成后置代码"对话框，如图 1.42 所示。

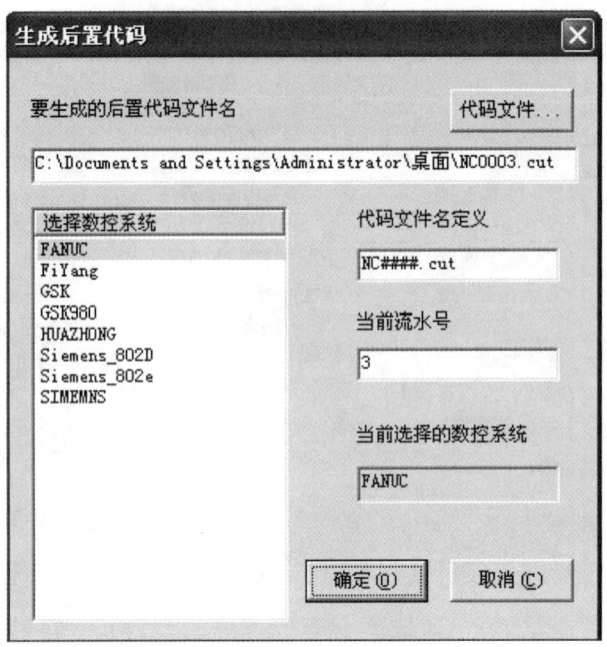

图 1.42 生成后置代码

在"生成后置代码"对话框中分别设置保存文件位置、机床系统等。

拾取刀具轨迹,按鼠标右键,生成 G 代码,可以直接输入机床进行数控加工,如图 1.43 所示。

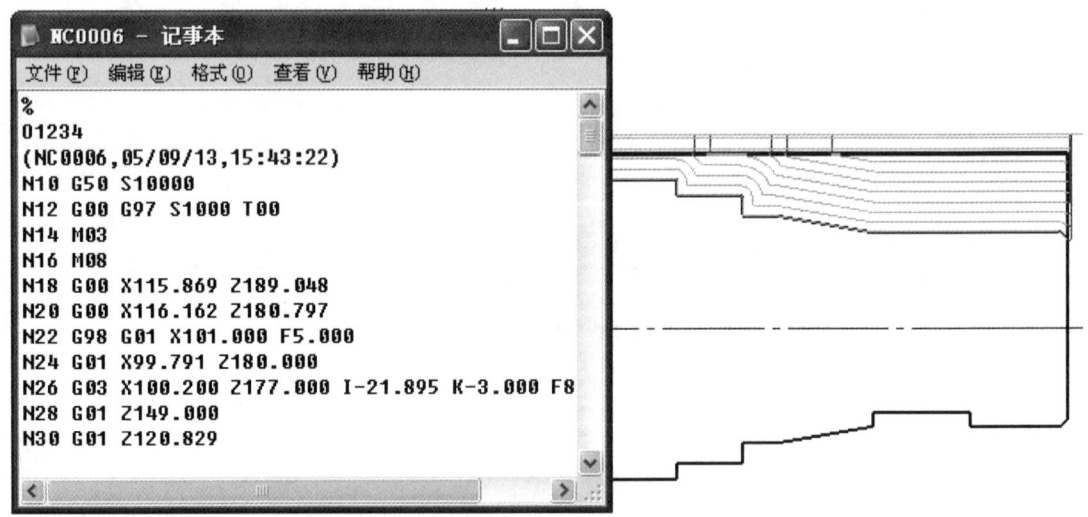

图 1.43 生成 G 代码

1.3.4 轨迹管理

轨迹管理就是可以对已有的刀具轨迹的各个参数进行修改。

在"数控车"子菜单区中选取"轨迹管理"功能项,或者在工具条中点击 图标,出现

"刀具轨迹管理"对话框,如图 1.44 所示。

图 1.44　刀具轨迹管理

在"刀具轨迹管理"对话框中点击"加工参数",可以对刀具轨迹各个参数进行修改。

2 车削加工方法介绍

CAXA 数控车软件提供了丰富、手段简洁的加工方法,其中有粗加工、精加工、切槽、钻中心孔、车螺纹等加工方式,内容涉及加工表面类型、加工参数设置、加工精度控制、走刀方式、干涉检查、刀具补偿、刀具选择等内容,能够满足实际加工的所有要求。

2.1 轮廓粗车

轮廓粗车功能用于实现对工件外轮廓表面、内轮廓表面和端面的粗车加工,用来快速清除毛坯的多余部分。

轮廓粗车时要确定被加工轮廓和毛坯轮廓,被加工轮廓就是加工结束后的工件表面轮廓,毛坯轮廓就是加工前毛坯的表面轮廓。被加工轮廓和毛坯轮廓两端点相连,两轮廓共同构成一个封闭的加工区域,在此区域的材料将被加工去除。被加工轮廓和毛坯轮廓不能单独闭合或自相交。

2.1.1 参数设置

在"数控车"子菜单区中选取"轮廓粗车"功能项,或者在工具条中点击 ▭ 图标,出现"粗车参数表"对话框,如图 2.1 所示。

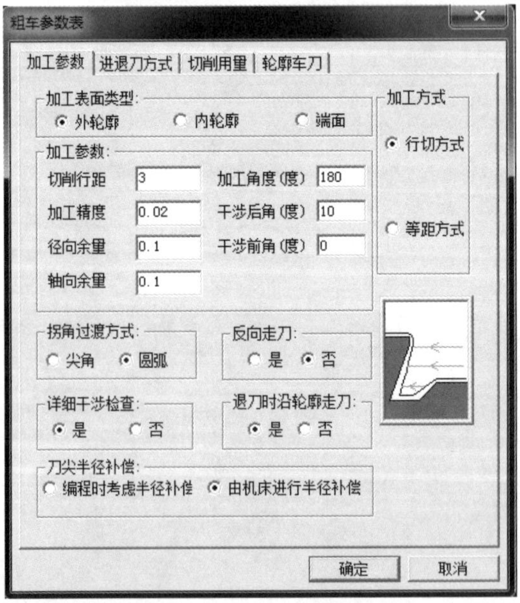

图 2.1 粗车参数表

粗车参数表主要用于对粗车加工中的各种工艺条件和加工方式进行限定。

2.1.1.1 加工参数设置

各加工参数含义说明如下：

1. 加工表面类型设置

（1）外轮廓：采用外轮廓车刀加工外轮廓，此时缺省加工方向角度为180°。
（2）内轮廓：采用内轮廓车刀加工内轮廓，此时缺省加工方向角度为180°。
（3）车端面：此时缺省加工方向应垂直于系统X轴，即加工角度为 -90° 或 270°。

2. 加工参数设置

（1）切削行距：行间切入深度，两相邻切削行之间的距离。
（2）干涉后角：做底切干涉检查时，确定干涉检查的角度。
（3）干涉前角：做前角干涉检查时，确定干涉检查的角度。
（4）加工角度：刀具切削方向与机床Z轴（软件系统X正方向）正方向的夹角。
（5）加工余量：分为径向余量和轴向余量，是指加工结束后，被加工表面没有加工的部分的剩余量（与最终加工结果比较）。
（6）加工精度：用户可按需要来控制加工的精度。对于轮廓中的直线和圆弧，机床可以精确地加工；对于由样条曲线组成的轮廓，系统将按给定的精度把样条曲线转化成直线段来满足用户所需的加工精度。

3. 拐角过渡方式设置

（1）圆弧：在切削过程遇到拐角时刀具从轮廓的一边到另一边的过程中，以圆弧的方式过渡。
（2）尖角：在切削过程遇到拐角时刀具从轮廓的一边到另一边的过程中，以尖角的方式过渡。

4. 反向走刀

（1）否：刀具按缺省方向走刀，即刀具从机床Z轴正向向Z轴负向移动。
（2）是：刀具按与缺省方向相反的方向走刀。

5. 详细干涉检查

（1）否：假定刀具前后干涉角均为0°，对凹槽部分不做加工，以保证切削轨迹无前角及底切干涉。
（2）是：加工凹槽时，用定义的干涉角度检查加工中是否有刀具前角及底切干涉，并按定义的干涉角度生成无干涉的切削轨迹。

6. 退刀时沿轮廓走刀

（1）否：刀位行首末直接进退刀，不加工行与行之间的轮廓。
（2）是：两刀位行之间如果有一段轮廓，在后一刀位行之前、之后增加对行间轮廓的加工。

7. 刀尖半径补偿

（1）编程时考虑半径补偿：在生成加工轨迹时，系统根据当前所用刀具的刀尖半径进行补偿计算（按假想刀尖点编程）。所生成的代码即为已考虑半径补偿的代码，无需机床再进行刀尖半径补偿。

（2）由机床进行半径补偿：在生成加工轨迹时，假设刀尖半径为 0，按轮廓编程，不进行刀尖半径补偿计算。所生成的代码在用于实际加工时应根据实际刀尖半径由机床指定补偿值。

2.1.1.2 进退刀方式设置

点击"粗车参数表"对话框中的"进退刀方式"标签即进入进退刀方式参数表，如图 2.2 所示。该参数表用于对加工中的进退刀方式进行设定。

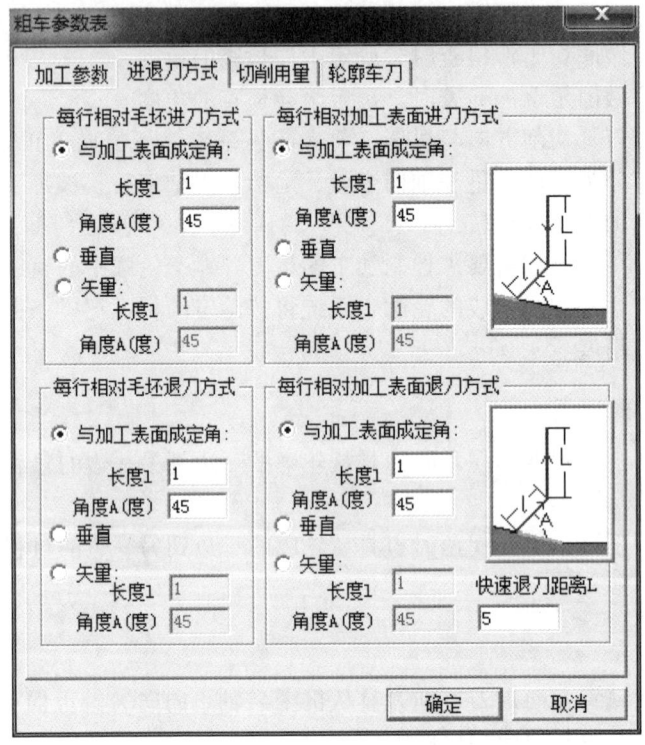

图 2.2 进退刀方式

1. 进刀方式

相对毛坯，进刀方式用于指定对毛坯部分进行切削时的进刀方式；相对加工表面，进刀方式用于指定对加工表面部分进行切削时的进刀方式。

（1）与加工表面成定角：指在每一切削行前加入一段与轨迹切削方向夹角成一定角度的进刀段，刀具垂直进刀到该进刀段的起点，再沿该进刀段进刀至切削行。角度定义该进刀段与轨迹切削方向的夹角，长度定义该进刀段的长度。

（2）垂直进刀：指刀具直接进刀到每一切削行的起始点。

（3）矢量进刀：指在每一切削行前加入一段与系统 X 轴（机床 Z 轴）正方向成一定夹角

的进刀段，刀具进刀到该进刀段的起点，再沿该进刀段进刀至切削行。角度定义矢量（进刀段）与系统 X 轴正方向的夹角，长度定义矢量（进刀段）的长度。

2．退刀方式

相对毛坯，退刀方式用于指定对毛坯部分进行切削时的退刀方式；相对加工表面，退刀方式用于指定对加工表面部分进行切削时的退刀方式。

（1）与加工表面成定角：指在每一切削行后加入一段与轨迹切削方向夹角成一定角度的退刀段，刀具先沿该退刀段退刀，再从该退刀段的末点开始垂直退刀。角度定义该退刀段与轨迹切削方向的夹角，长度定义该退刀段的长度。

（2）轮廓垂直退刀：指刀具直接进刀到每一切削行的起始点。

（3）轮廓矢量退刀：指在每一切削行后加入一段与系统 X 轴（机床 Z 轴）正方向成一定夹角的退刀段，刀具先沿该退刀段退刀，再从该退刀段的末点开始垂直退刀。角度定义矢量（退刀段）与系统 X 轴正方向的夹角，长度定义矢量（退刀段）的长度。

（4）快速退刀距离：以给定的退刀速度回退的距离（相对值），在此距离上以机床允许的最大进给速度 G0 退刀。

2.1.1.3 切削用量设置

在每种刀具轨迹生成时，都需要设置一些与切削用量及机床加工相关的参数。

点击"粗车参数表"对话框中的"切削用量"标签可进入切削用量参数表，如图 2.3 所示。该参数表用于对加工中的切削用量进行设定。

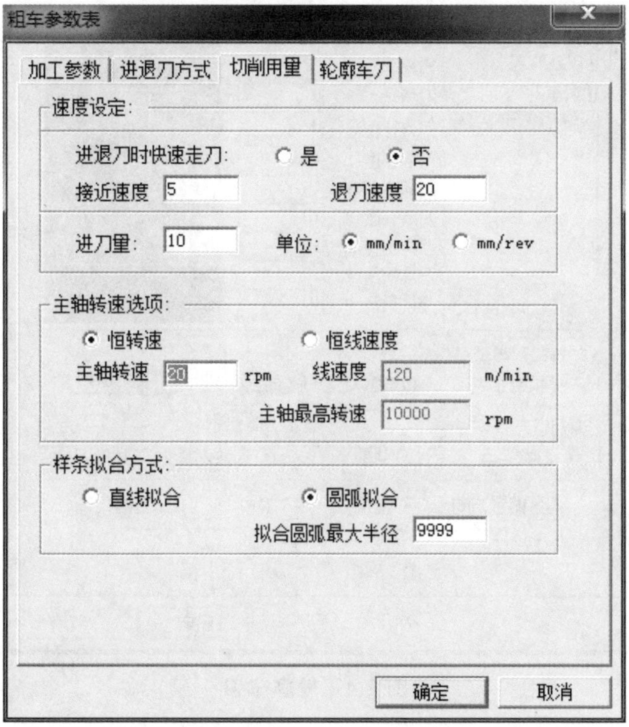

图 2.3 切削用量

1. 速度设定

（1）接近速度：刀具接近工件时的进给速度。

（2）主轴转速：机床主轴旋转的速度。计量单位是机床缺省的单位。

（3）退刀速度：刀具离开工件的速度。

2. 主轴转速选项

（1）恒转速：切削过程中按指定的主轴转速保持主轴转速恒定，直到下一指令改变该转速。

（2）恒线速度：切削过程中按指定的线速度值保持线速度恒定。

3. 样条拟合方式

（1）直线拟合：对加工轮廓中的样条线根据给定的加工精度用直线段进行拟合。

（2）圆弧拟合：对加工轮廓中的样条线根据给定的加工精度用圆弧段进行拟合。

2.1.1.4 轮廓车刀设置

在进行车加工时，必须设置车刀的参数。

点击"粗车参数表"对话框中的"轮廓车刀"标签可进入轮廓车刀参数表，如图 2.4 所示。该参数表用于对加工中的车刀参数进行设定。

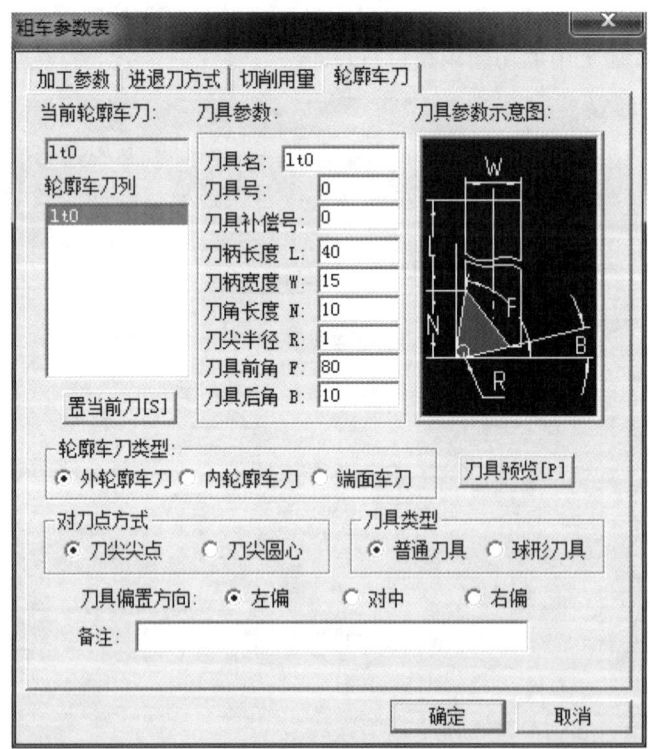

图 2.4 轮廓车刀

1. 当前轮廓车刀

显示当前使用的刀具的刀具名。当前刀具就是在加工中要使用的刀具，在加工轨迹的生成中要使用当前刀具的刀具参数。

2. 轮廓车刀列

显示刀具库中所有同类型刀具的名称，可通过鼠标或键盘的上下键选择不同的刀具名，刀具参数表中将显示所选刀具的参数。用鼠标双击所选的刀具还能将其置为当前刀具。

3. 刀具参数

（1）刀具名：刀具的名称，用于刀具标识和列表。刀具名是唯一的。

（2）刀具号：刀具的系列号，用于后置处理的自动换刀指令。刀具号唯一，并对应机床的刀库。

（3）刀具补偿号：刀具补偿值的序列号，其值对应于机床的数据库。

（4）刀柄长度：刀具可夹持段的长度。

（5）刀柄宽度：刀具可夹持段的宽度。

（6）刀角长度：刀具可切削段的长度。

（7）刀尖半径：刀尖部分用于切削的圆弧的半径。

（8）刀具前角：刀具前刃与工件旋转轴的夹角。

（9）刀具参数示意图：以图示的形式显示刀具库中所有类型的刀具。每一次定义完一把车刀后，可以通过预览的方式，确定设置是否正确。

所有参数都填写好后点击"确定"按钮。

2.1.2 生成轮廓粗车

2.1.2.1 创建轮廓粗车轨迹步骤

（1）拾取被加工工件的表面轮廓，单击被加工表面轮廓的起始线段，左键单击确定方向，拾取限制曲线。

（2）拾取毛坯轮廓，左键单击毛坯轮廓的起始端，再确定链拾取方向，然后拾取限制曲线。

（3）输入进退刀点。

2.1.2.2 生成粗加工轨迹

生成的粗加工轨迹如图 2.5 所示。

图 2.5 粗加工轨迹

2.2 轮廓精车

轮廓精车功能用于实现对工件外轮廓表面、内轮廓表面和端面的精车加工。轮廓精车时要确定被加工轮廓，被加工轮廓就是加工结束后的工件表面轮廓，被加工轮廓不能闭合或自相交。

2.2.1 参数设置

在"数控车"子菜单区中选取"轮廓精车"功能项，或者在工具条中点击 图标，出现"精车参数表"对话框，如图 2.6 所示。

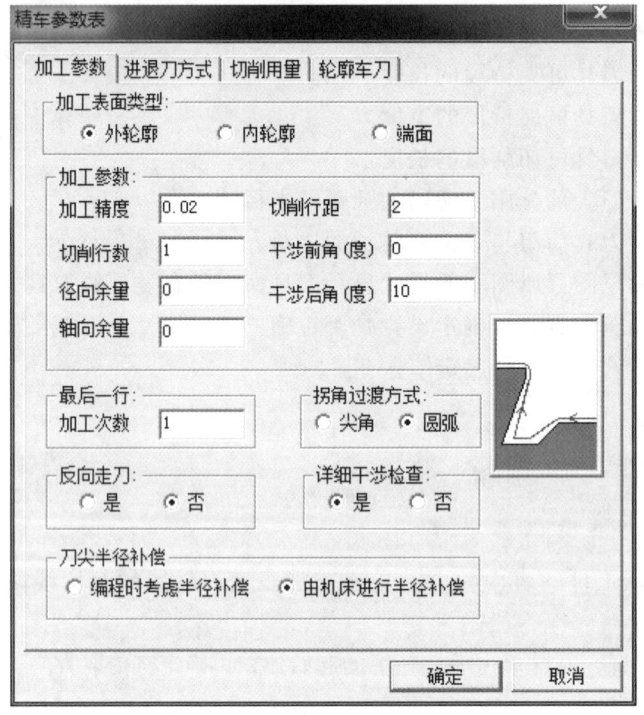

图 2.6 精车参数表

精车参数表主要用于对精车加工中的各种工艺条件和加工方式进行限定。

2.2.1.1 加工参数设置

各加工参数含义说明如下：

1. 加工表面类型设置

（1）外轮廓：采用外轮廓车刀加工外轮廓，此时缺省加工方向角度为 180°。

（2）内轮廓：采用内轮廓车刀加工内轮廓，此时缺省加工方向角度为 180°。

（3）车端面：此时缺省加工方向应垂直于系统 X 轴，即加工角度为 −90° 或 270°。

2. 加工参数

（1）切削行距：行与行之间的距离。沿加工轮廓走刀一次称为一行。

（2）切削行数：刀位轨迹的加工行数，不包括最后一行的重复次数。

（3）加工余量：被加工表面没有加工部分的剩余量。

（4）加工精度：用户可按需要来控制加工的精度。对于轮廓中的直线和圆弧，机床可以精确地加工；对于由样条曲线组成的轮廓，系统将按给定的精度把样条曲线转化成直线段来满足用户所需的加工精度。

（5）干涉前角：做前角干涉检查时，确定干涉检查的角度。避免加工反锥时出现前刀面与工件干涉。

（6）干涉后角：做底切干涉检查时，确定干涉检查的角度。避免加工正锥时出现刀具底面与工件干涉。

3. 最后一行加工次数

精车时，为提高车削的表面质量，最后一行常常在相同进给量的情况进行多次车削，该处定义多次切削的次数。

4. 拐角过渡方式

（1）圆弧：在切削过程遇到拐角时刀具从轮廓的一边到另一边的过程中，以圆弧的方式过渡。

（2）尖角：在切削过程遇到拐角时刀具从轮廓的一边到另一边的过程中，以尖角的方式过渡。

5. 反向走刀

（1）否：刀具按缺省方向走刀，即刀具从 Z 轴正向向 Z 轴负向移动。

（2）是：刀具按与缺省方向相反的方向走刀。

6. 详细干涉检查

（1）否：假定刀具前后干涉角均为 0°，对凹槽部分不做加工，以保证切削轨迹无前角及底切干涉。

（2）是：加工凹槽时，用定义的干涉角度检查加工中是否有刀具前角及底切干涉，并按定义的干涉角度生成无干涉的切削轨迹。

7. 刀尖半径补偿

（1）编程时考虑半径补偿：在生成加工轨迹时，系统根据当前所用刀具的刀尖半径进行补偿计算（按假想刀尖点编程）。所生成的代码即为已考虑半径补偿的代码，无需机床再进行刀尖半径补偿。

（2）由机床进行半径补偿：在生成加工轨迹时，假设刀尖半径为 0，按轮廓编程，不进行刀尖半径补偿计算。所生成的代码在用于实际加工时应根据实际刀尖半径由机床指定补偿值。

2.2.1.2 进退刀方式设置

点击"精车参数表"对话框中的"进退刀方式"标签即进入进退刀方式参数表,如图 2.7 所示。该参数表用于对加工中的进退刀方式进行设定。

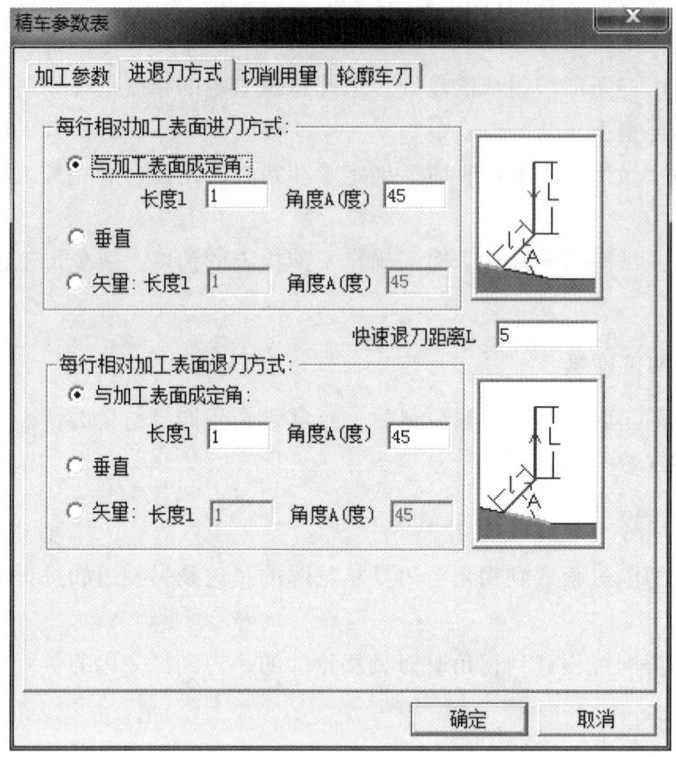

图 2.7 进退刀方式

1. 进刀方式

(1) 与加工表面成定角:指在每一切削行前加入一段与轨迹切削方向夹角成一定角度的进刀段,刀具垂直进刀到该进刀段的起点,再沿该进刀段进刀至切削行。角度定义该进刀段与轨迹切削方向的夹角,长度定义该进刀段的长度。

(2) 垂直进刀:指刀具直接进刀到每一切削行的起始点。

(3) 矢量进刀:指在每一切削行前加入一段与机床 Z 轴正向(系统 X 正方向)成一定夹角的进刀段,刀具进刀到该进刀段的起点,再沿该进刀段进刀至切削行。角度定义矢量(进刀段)与机床 Z 轴正向(系统 X 正方向)的夹角,长度定义矢量(进刀段)的长度。

2. 退刀方式

(1) 与加工表面成定角:指在每一切削行后加入一段与轨迹切削方向夹角成一定角度的退刀段,刀具先沿该退刀段退刀,再从该退刀段的末点开始垂直退刀。角度定义该退刀段与轨迹切削方向的夹角,长度定义该退刀段的长度。

(2) 垂直退刀:指刀具直接进刀到每一切削行的起始点。

(3) 矢量退刀:指在每一切削行后加入一段与机床 Z 轴正向(系统 X 正方向)成一定

夹角的退刀段，刀具先沿该退刀段退刀，再从该退刀段的末点开始垂直退刀。角度定义矢量（退刀段）与机床 Z 轴正向（系统 X 正方向）的夹角，长度定义矢量（退刀段）的长度。

2.2.1.3　切削用量设置

切削用量参数表的说明请参考轮廓粗车中的说明，如图 2.8 所示。

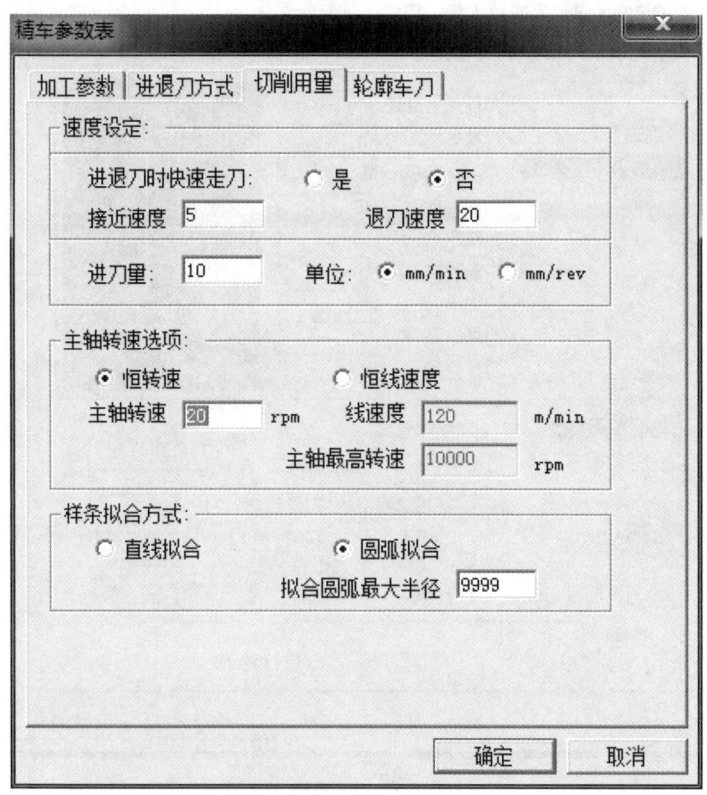

图 2.8　切削用量

1. 速度设定

（1）接近速度：刀具接近工件时的进给速度。

（2）主轴转速：机床主轴旋转的速度。计量单位是机床缺省的单位。

（3）退刀速度：刀具离开工件的速度。

2. 主轴转速选项

（1）恒转速：切削过程中按指定的主轴转速保持主轴转速恒定，直到下一指令改变该转速。

（2）恒线速度：切削过程中按指定的线速度值保持线速度恒定。

3. 样条拟合方式

（1）直线拟合：对加工轮廓中的样条线根据给定的加工精度用直线段进行拟合。

（2）圆弧拟合：对加工轮廓中的样条线根据给定的加工精度用圆弧段进行拟合。

2.2.1.4 轮廓车刀设定

点击"精车参数表"对话框中的"轮廓车刀"标签可进入轮廓车刀参数表,如图 2.9 所示。该参数表用于对加工中所用的刀具参数进行设置。

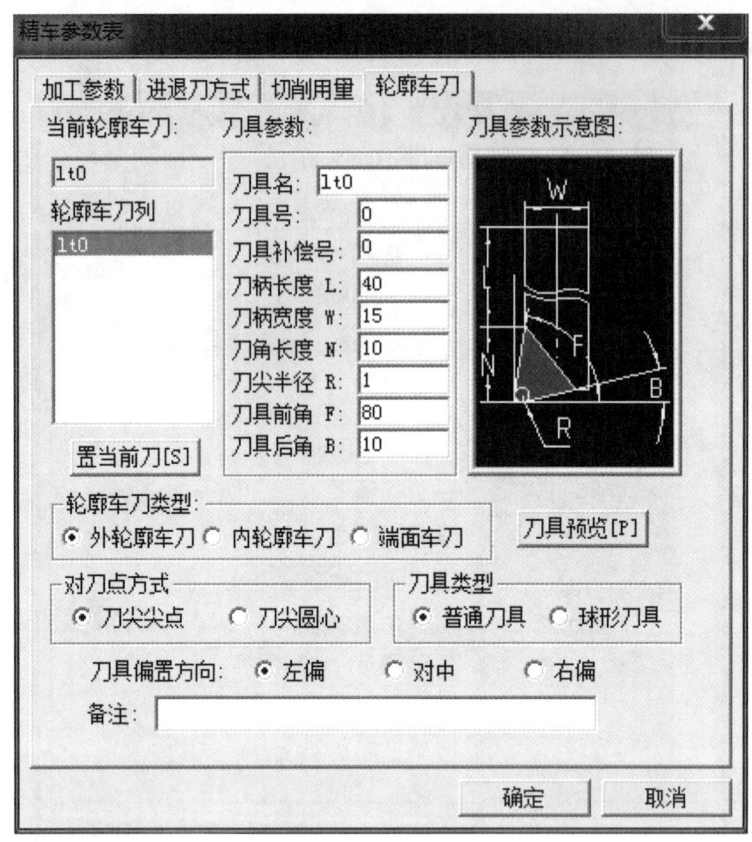

图 2.9 轮廓车刀

1. 当前轮廓车刀

显示当前使用的刀具的刀具名。当前刀具就是在加工中要使用的刀具,在加工轨迹的生成中要使用当前刀具的刀具参数。

2. 轮廓车刀列

显示刀具库中所有同类型刀具的名称,可通过鼠标或键盘的上下键选择不同的刀具名,刀具参数表中将显示所选刀具的参数。用鼠标双击所选的刀具还能将其置为当前刀具。

3. 刀具参数

(1)刀具名:刀具的名称,用于刀具标识和列表。刀具名是唯一的。

(2)刀具号:刀具的系列号,用于后置处理的自动换刀指令。刀具号唯一,并对应机床的刀库。

(3)刀具补偿号:刀具补偿值的序列号,其值对应于机床的数据库。

(4)刀柄长度:刀具可夹持段的长度。

(5)刀柄宽度:刀具可夹持段的宽度。

(6)刀角长度:刀具可切削段的长度。

(7)刀尖半径:刀尖部分用于切削的圆弧的半径。

(8)刀具前角:刀具前刃与工件旋转轴的夹角。

(9)刀具参数示意图:以图示的形式显示刀具库中所有类型的刀具。每一次定义完一把车刀后,可以通过预览的方式,确定设置是否正确。

所有参数都填写好后点击"确定"按钮。

2.2.2 生成轮廓精车

2.2.2.1 创建轮廓精车轨迹步骤

(1)拾取被加工表面轮廓。

(2)输入进退刀点。

(3)生成精加工轨迹。

2.2.2.2 生成精加工轨迹

生成的精加工轨迹如图2.10所示。

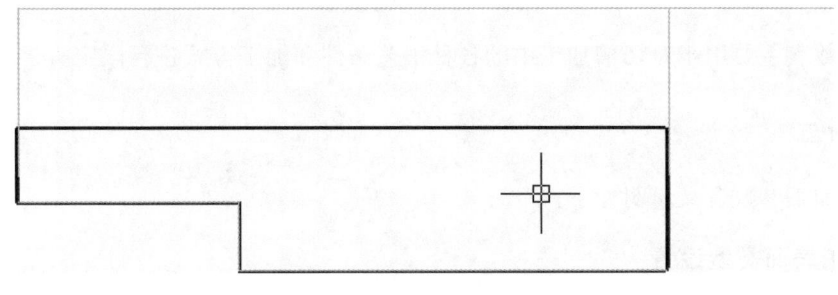

图2.10 精加工轨迹

2.3 切 槽

切槽加工用于在工件外轮廓表面、内轮廓表面和端面切槽。

2.3.1 参数设置

在"数控车"子菜单区中选取"切槽"功能项,或者在工具条中点击 图标,出现"切槽参数表"对话框,如图2.11所示。

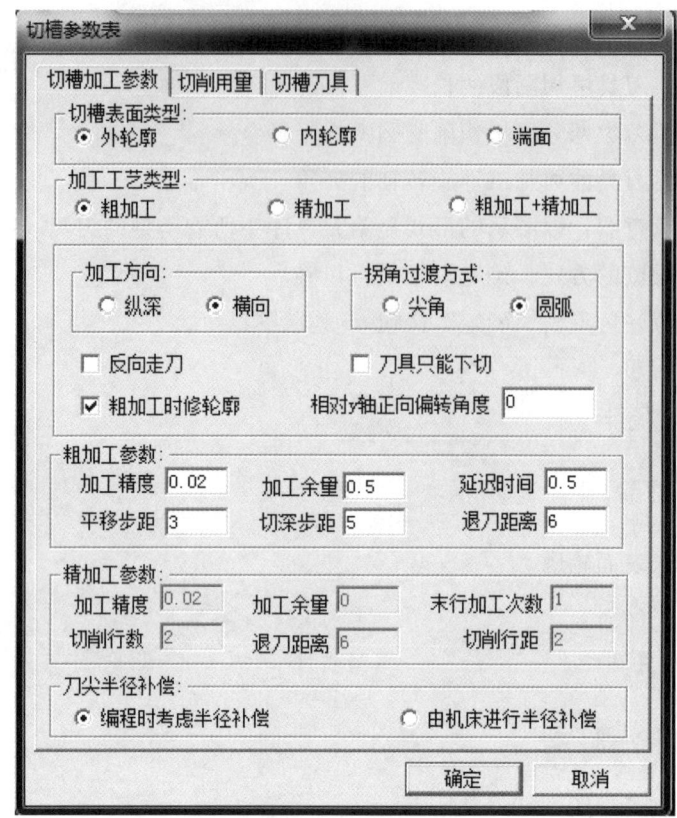

图 2.11 切槽参数表

切槽参数表主要用于对切槽加工中的各种工艺条件和加工方式进行限定。

2.3.1.1 加工参数设置

切槽各加工参数含义说明如下:

1. 加工表面类型设置

(1) 外轮廓:外轮廓切槽,或用切槽刀加工外轮廓。
(2) 内轮廓:内轮廓切槽,或用切槽刀加工内轮廓。
(3) 端面:端面切槽,或用切槽刀加工端面。

2. 加工工艺类型

(1) 粗加工:对槽只进行粗加工。
(2) 精加工:对槽只进行精加工。
(3) 粗加工+精加工:对槽进行粗加工之后接着进行精加工。

3. 走刀方式

(1) 加工方向:纵深,刀具沿工件的径向走刀;横向,刀具沿工件的轴向走刀。
(2) 拐角过渡方式:尖角,在切削过程遇到拐角时刀具从轮廓的一边到另一边的过程中,以尖角的方式过渡；圆弧，在切削过程遇到拐角时刀具从轮廓的一边到另一边的过程中，以圆弧的方式过渡。

（3）反向走刀：采用与所选的走刀方向相反的方向走刀。

（4）刀具只能下切：限制刀具的加工方向，选中此选项后，刀具只能正切。

4. 粗加工参数

（1）加工精度：用户可按需要来控制加工的精度。对于轮廓中的直线和圆弧，机床可以精确地加工；对于由样条曲线组成的轮廓，系统将按给定的精度把样条曲线转化成直线段来满足用户所需的加工精度。

（2）加工余量：粗加工时，被加工表面未加工部分的预留量。

（3）延迟时间：粗车槽时，刀具在槽的底部停留的时间。

（4）平移步距：粗车槽时，刀具切到指定的切深后进行下一次切削前的水平平移量（机床 Z 向）。

（5）切深步距：粗车槽时，刀具每一次纵向切槽的切入量（机床 X 向）。

（6）退刀距离：粗车槽中进行下一行切削前退刀到槽外的距离。

5. 精加工参数

（1）加工精度：用户可按需要来控制加工的精度。对于轮廓中的直线和圆弧，机床可以精确地加工；对于由样条曲线组成的轮廓，系统将按给定的精度把样条曲线转化成直线段来满足用户所需的加工精度。

（2）加工余量：精加工时，被加工表面未加工部分的预留量。

（3）末行加工次数：精车槽时，为提高加工的表面质量，最后一行常常在相同进给量的情况下进行多次车削，该处定义多次切削的次数。

（4）切削行数：精加工刀位轨迹的加工行数，不包括最后一行的重复次数。

（5）退刀距离：精加工中切削完一行之后，进行下一行切削前退刀的距离。

（6）切削行距：精加工行与行之间的距离。

6. 刀尖半径补偿

选择刀尖半径补偿的方式，在相应的方式点选。

（1）编程时考虑半径补偿：在生成加工轨迹时，系统根据当前所用刀具的刀尖半径进行补偿计算（按假想刀尖点编程）。所生成的代码即为已考虑半径补偿的代码，无需机床再进行刀尖半径补偿。

（2）由机床进行半径补偿：在生成加工轨迹时，假设刀尖半径为 0，按轮廓编程，不进行刀尖半径补偿计算。所生成的代码在用于实际加工时应根据实际刀尖半径由机床指定补偿值。

2.3.1.2 切削用量设置

点击"切槽参数表"对话框中的"切削用量"标签可进入切削用量参数表，如图 2.12 所示。

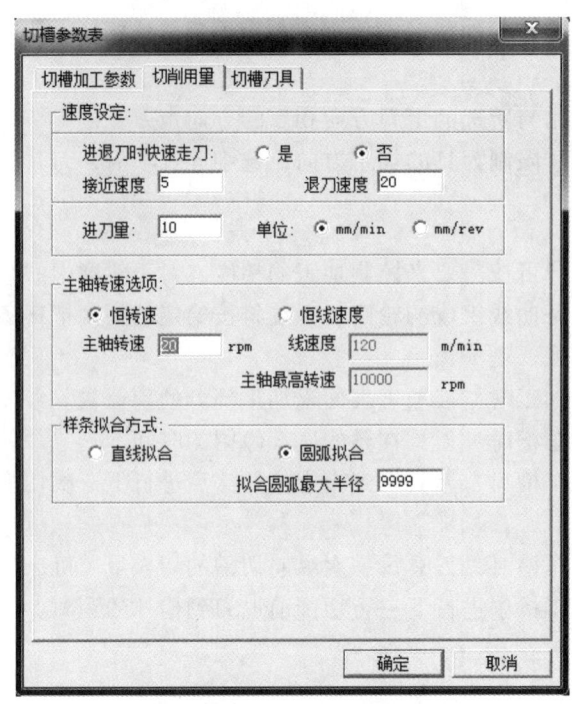

图 2.12 切削用量

1. 速度设定

(1) 接近速度：刀具接近工件时的进给速度。

(2) 退刀速度：刀具离开工件的速度。

2. 进刀量

进刀量：刀具在进给运动方向上相对工件的位移量。

3. 主轴转速选项

主轴转速选项用于设定主轴转速参数，输入相应的数值。当选择恒线速度方式时，还要设定主轴的最高转速上限值。

(1) 恒转速：切削过程中按指定的主轴转速保持主轴转速恒定，直到下一指令改变该转速。

(2) 恒线速度：切削过程中按指定的线速度值保持线速度恒定。

4. 样条拟合方式

(1) 直线拟合：对加工轮廓中的样条线根据给定的加工精度用直线段进行拟合。

(2) 圆弧拟合：对加工轮廓中的样条线根据给定的加工精度用圆弧段进行拟合。若选择圆弧拟合方式，还需要设定拟合圆弧最大半径的上限值。

2.3.1.3 切槽刀具

点击"切槽参数表"对话框中的"切槽刀具"标签可进入切槽刀具参数表，如图 2.13 所示。该参数表用于对加工中所用的刀具参数进行设置。

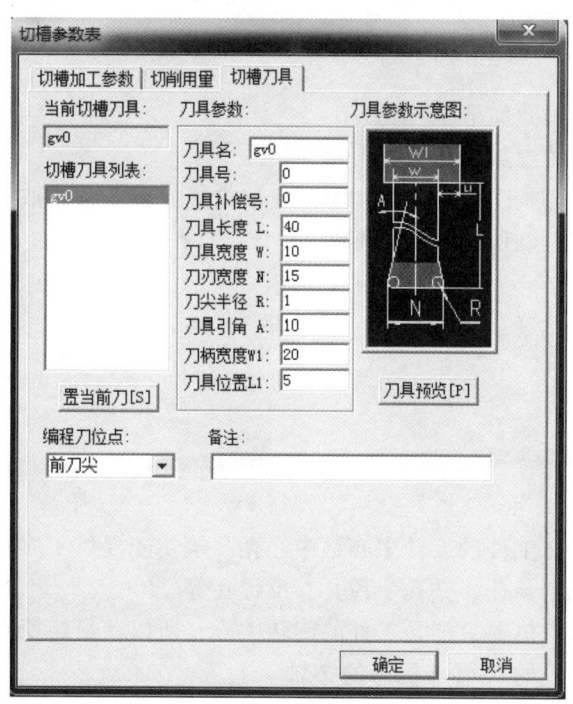

图 2.13 切槽刀具

1. 当前切槽刀具

显示当前使用的刀具的刀具名。当前刀具就是在加工中要使用的刀具,在加工轨迹的生成中要使用当前刀具的刀具参数。

2. 切槽刀具列表

显示刀具库中所有同类型刀具的名称,可通过鼠标或键盘的上下键选择不同的刀具名,刀具参数表中将显示所选刀具的参数。用鼠标双击所选的刀具还能将其置为当前刀具。

3. 刀具参数

(1)刀具名:刀具的名称,用于刀具标识和列表。刀具名是唯一的。

(2)刀具号:刀具的系列号,用于后置处理的自动换刀指令。刀具号唯一,并对应机床的刀库。

(3)刀具补偿号:刀具补偿值的序列号,其值对应于机床的数据库。

(4)刀具长度:刀具总长度。

(5)刀具宽度:刀具可夹持段的宽度。

(6)刀刃宽度:刀具切削部分的宽度。

(7)刀尖半径:刀尖部分用于切削的圆弧的半径。

(8)刀具引角:刀柄到刀刃连接线与刀具中心线的夹角。

(9)刀具参数示意图:以图示的形式显示刀具库中所有类型的刀具。每一次定义完一把车刀后,可以通过预览的方式,确定设置是否正确。

所有参数都填写好后点击"确定"按钮。

2.3.2 实现切槽加工

生成切槽加工轨迹步骤如下:
(1)确定切槽加工的参数,选择好刀具。
(2)按提示"拾取被加工工件表面轮廓",拾取方式支持 3 种拾取方式,即"链拾取""单个拾取""限制链拾取",确认加工的轮廓线。
(3)确认进退刀点。
(4)生成切槽加工轨迹。

2.4 钻中心孔

钻中心孔功能用于在工件的旋转中心钻中心孔。该功能提供了多种钻孔方式,包括高速啄式深孔钻、左攻丝、精镗孔、钻孔、镗孔、反镗孔等。

因为车加工中的钻孔位置只能是工件的旋转中心,所以,最终所有的加工轨迹都在工件的旋转轴上,也就是系统的 X 轴(机床的 Z 轴)上。

2.4.1 参数设置

在"数控车"子菜单区中选取"钻中心孔"功能项,或者在工具条中点击 ![icon] 图标,出现"钻孔参数表"对话框,如图 2.14 所示。

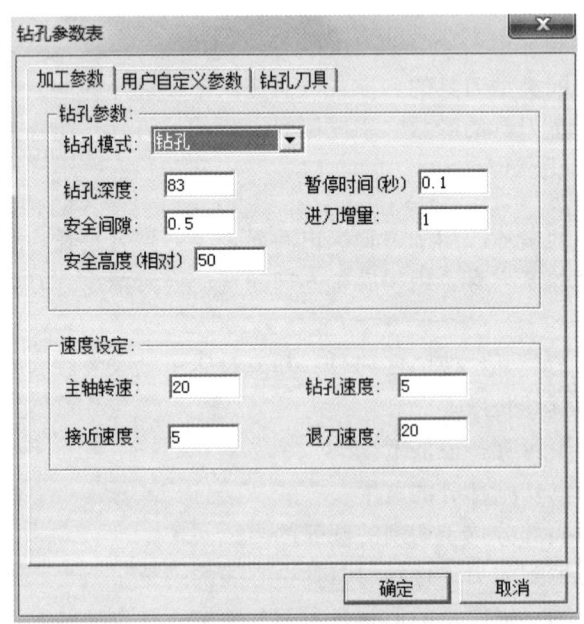

图 2.14 钻孔参数表

钻孔参数表主要用于对钻孔加工中的各种工艺条件和加工方式进行限定。

2.4.1.1 钻孔参数设定

（1）钻孔模式：钻孔的方式。钻孔模式不同，后置处理中用到机床的固定循环指令也不同。

（2）钻孔深度：要钻孔的深度。

（3）暂停时间：攻丝时刀具在工件底部的停留时间。

（4）进刀增量：深孔钻时每次进刀量或镗孔时每次侧进量。

（5）安全间隙：当钻下一个孔时，刀具从前一个孔顶端的抬起量。

（6）主轴转速：机床主轴旋转的速度。计量单位是机床缺省的单位。

（7）钻孔速度：钻孔时的进给速度。

（8）接近速度：刀具接近工件时的进给速度。

（9）退刀速度：刀具离开工件的速度。

2.4.1.2 钻孔刀具设置

点击"钻孔参数表"对话框中的"钻孔刀具"标签可进入钻孔刀具参数表，如图 2.15 所示。

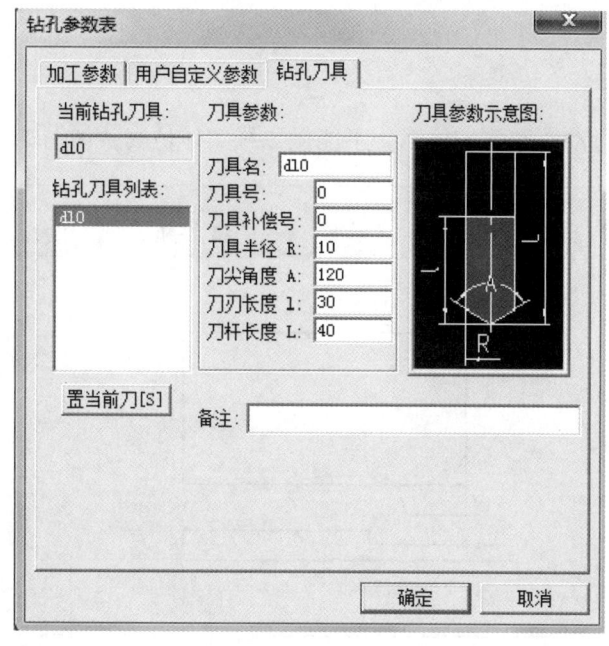

图 2.15 钻孔刀具

（1）当前钻孔刀具：显示当前使用的刀具的刀具名。当前刀具就是在加工中要使用的刀具，在加工轨迹的生成中要使用当前刀具的刀具参数。

（2）钻孔刀具列表：显示刀具库中所有同类型刀具的名称，可通过鼠标或键盘的上下键选择不同的刀具名，刀具参数表中将显示所选刀具的参数。用鼠标双击所选的刀具还能将其置为当前刀具。

（3）刀具名：刀具的名称，用于刀具标识和列表。刀具名是唯一的。

（4）刀具号：刀具的系列号，用于后置处理的自动换刀指令。刀具号唯一，并对应机床的刀库。

（5）刀具补偿号：刀具补偿值的序列号，其值对应于机床的数据库。

（6）刀具半径：刀具的半径。

（7）刀尖角度：钻头前段尖部的角度。

（8）刀刃长度：刀具的刀杆可用于切削部分的长度。

（9）刀杆长度：刀尖到刀柄之间的距离。刀杆长度应大于刀刃的有效长度。

2.4.2 钻中心孔

2.4.2.1 钻中心孔步骤

（1）钻中心孔参数设定。

（2）确定各加工参数后，拾取钻孔的起始点，因为轨迹只能在系统的 X 轴上（机床的 Z 轴），所以把输入的点向系统的 X 轴投影，得到的投影点作为钻孔的起始点，然后生成钻孔加工轨迹。

（3）拾取完钻孔点之后即生成加工轨迹。

2.4.2.2 钻中心孔轨迹仿真

钻中心孔只能进行动态和静态仿真，不能做二维实体仿真，如图 2.16 所示。

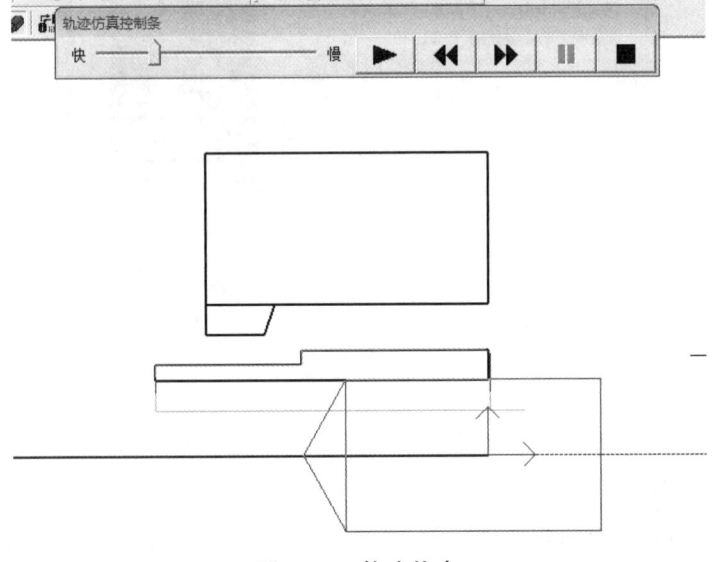

图 2.16 轨迹仿真

2.4.2.3 代码生成

在"数控车"子菜单区中选取"代码生成"功能项，或者在工具条中点击 图标，拾取刚生成的刀具轨迹，即可生成加工指令，如图 2.17 所示。

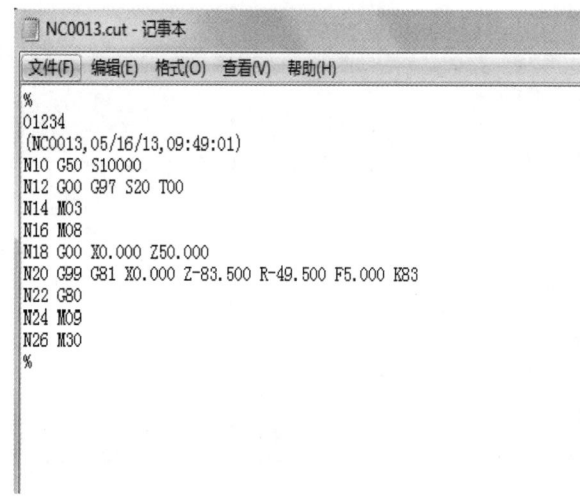

图 2.17　加工指令

2.5　车螺纹

车螺纹为非固定循环方式加工螺纹，可对螺纹加工中的各种工艺条件、加工方式进行更为灵活的控制。

2.5.1　参数设置

在"数控车"子菜单区中选取"车螺纹"功能项，或者在工具条中点击 图标，根据操作提示"拾取螺纹起始点"，在绘图区拾取螺纹起始点，再根据操作提示"拾取螺纹终点"，出现"螺纹参数表"对话框，如图 2.18 所示。

螺纹参数表主要用于对螺纹加工中的各种工艺条件和加工方式进行设定。

2.5.1.1　螺纹参数

（1）起点坐标：车螺纹的起始点坐标，单位为毫米。
（2）终点坐标：车螺纹的终止点坐标，单位为毫米。
（3）螺纹长度：螺纹起始点到终止点的距离。
（4）螺纹牙高：螺纹牙的高度。
（5）螺纹头数：螺纹起始点到终止点之间的牙数。
（6）恒定节距：两个相邻螺纹轮廓上对应点之间的距离为恒定值。
（7）节距：恒定节距值。
（8）变节距：两个相邻螺纹轮廓上对应点之间的距离为变化的值。
（9）始节距：起始端螺纹的节距。
（10）末节距：终止端螺纹的节距。

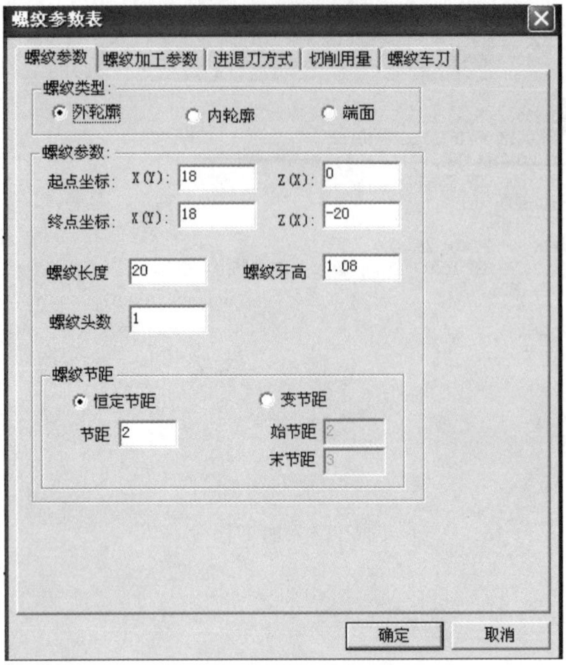

图 2.18 螺纹参数表

2.5.1.2 螺纹加工参数

点击"螺纹参数表"对话框中的"螺纹加工参数"标签可进入螺纹加工参数表，如图 2.19 所示。

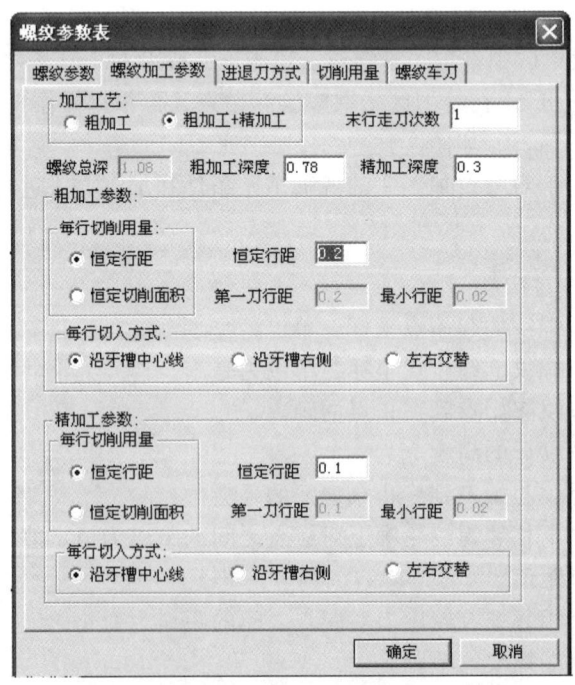

图 2.19 螺纹加工参数

1. 加工工艺

（1）粗加工：指直接采用粗切方式加工螺纹。

（2）粗加工＋精加工：指根据指定的粗加工深度进行粗切后，再采用精切方式（如采用更小的行距）切除剩余余量（精加工深度）。

2. 加工方式

（1）末刀走刀次数：为提高加工质量，最后一个切削行有时需要重复走刀多次，此时需要指定重复走刀次数。

（2）螺纹总深：螺纹粗加工和精加工总的切深量。

（3）粗加工深度：螺纹粗加工的切深量。

（4）精加工深度：螺纹精加工的切深量。

3. 每行切削用量

（1）恒定行距：加工时沿恒定的行距进行加工。

（2）恒定切削面积：为保证每次切削的切削面积恒定，各次切削深度将逐步减小，直至等于最小行距。用户需指定第一刀行距及最小行距。吃刀深度规定为：第 n 刀的吃刀深度为第一刀的吃刀深度的 $\sqrt{n}$ 倍。

4. 每行切入方式

（1）每行切入方式：指刀具在螺纹始端切入时的切入方式。刀具在螺纹末端的退出方式与切入方式相同。

（2）沿牙槽中心线：切入时沿牙槽中心线。

（3）沿牙槽右侧：切入时沿牙槽右侧。

（4）左右交替：切入时沿牙槽左右交替。

2.5.1.3 进退刀方式

点击"螺纹参数表"对话框中"进退刀方式"标签可进入进退刀方式参数表，如图 2.20 所示。

1. 进刀方式

（1）垂直：指刀具直接进刀到每一切削行的起始点。

（2）矢量：指在每一切削行前加入一段与系统 X 轴（机床 Z 轴）正方向成一定夹角的进刀段，刀具进刀到该进刀段的起点，再沿该进刀段进刀至切削行。

（3）长度：定义矢量（进刀段）的长度。

（4）角度：定义矢量（进刀段）与系统 X 轴正方向的夹角。

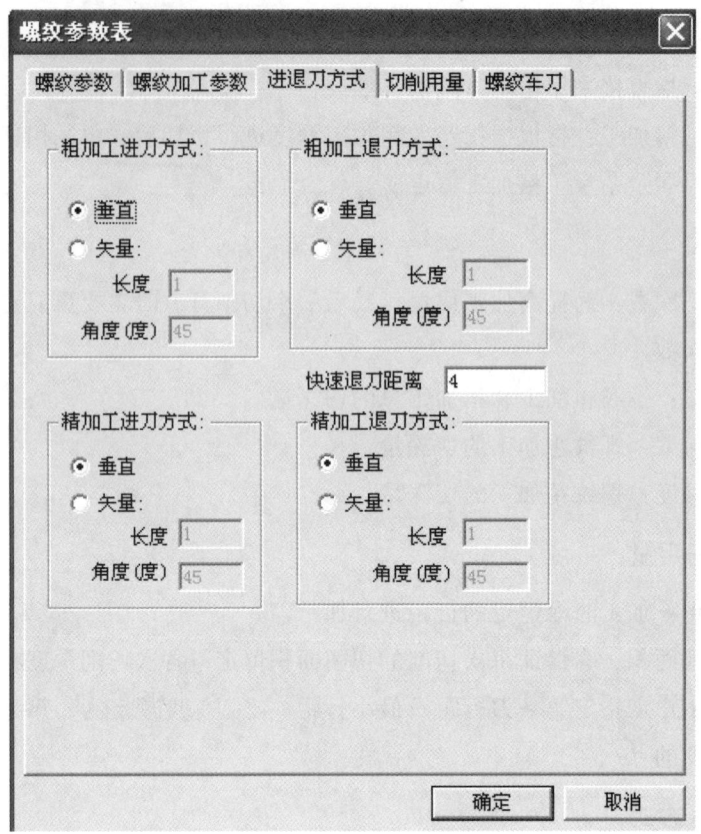

图 2.20 进退刀方式

2. 退刀方式

（1）垂直：指刀具直接退刀到每一切削行的起始点。

（2）矢量：指在每一切削行后加入一段与系统 X 轴（机床 Z 轴）正方向成一定夹角的退刀段，刀具先沿该退刀段退刀，再从该退刀段的末点开始垂直退刀。

（3）长度：定义矢量（退刀段）的长度。

（4）角度：定义矢量（退刀段）与系统 X 轴正方向的夹角。

（5）快速退刀距离：以给定的退刀速度回退的距离（相对值），在此距离上以机床允许的最大进给速度 G0 退刀。

2.5.1.4 切削用量

点击"螺纹参数表"对话框中"切削用量"标签可进入切削用量参数表，如图 2.21 所示。

1. 速度设定

（1）接近速度：刀具接近工件时的进给速度。

（2）主轴转速：机床主轴旋转的速度。计量单位是机床缺省的单位。

（3）退刀速度：刀具离开工件的速度。

2 车削加工方法介绍　　49

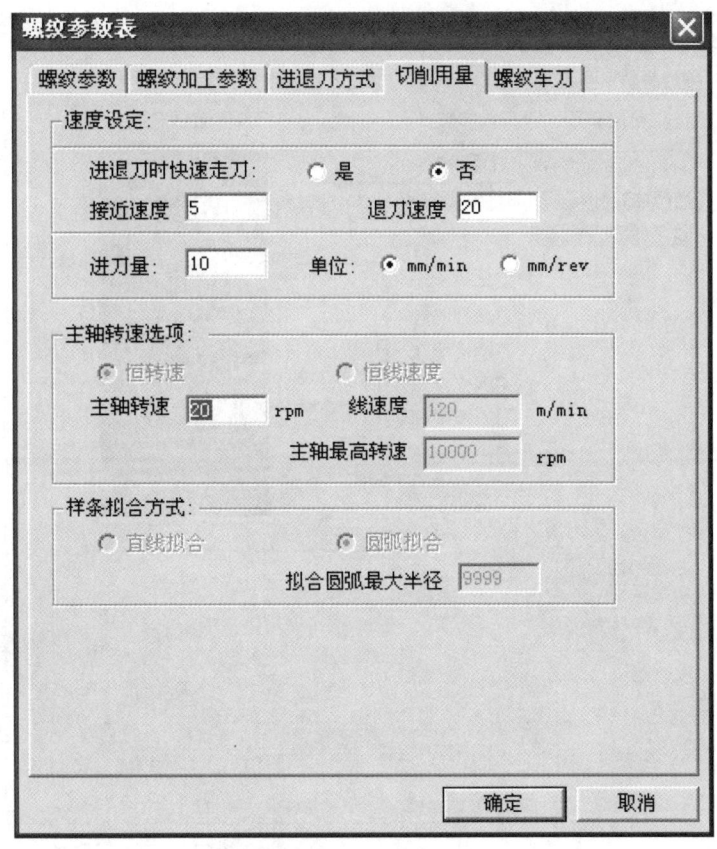

图 2.21　切削用量

2. 主轴转速选项

（1）恒转速：切削过程中按指定的主轴转速保持主轴转速恒定，直到下一指令改变该转速。

（2）恒线速度：切削过程中按指定的线速度值保持线速度恒定。

3. 样条拟合方式

（1）直线拟合：对加工轮廓中的样条线根据给定的加工精度用直线段进行拟合。

（2）圆弧拟合：对加工轮廓中的样条线根据给定的加工精度用圆弧段进行拟合。

2.5.1.5　螺纹车刀

点击"螺纹参数表"对话框中的"螺纹车刀"标签可进入螺纹车刀参数表，如图 2.22 所示。

（1）当前螺纹车刀：显示当前使用的刀具的刀具名。当前刀具就是在加工中要使用的刀具，在加工轨迹的生成中要使用当前刀具的刀具参数。

（2）螺纹车刀列表：显示刀具库中所有同类型刀具的名称，可通过鼠标或键盘的上下键选择不同的刀具名，刀具参数表中将显示所选刀具的参数。用鼠标双击所选的刀具还能将其置为当前刀具。

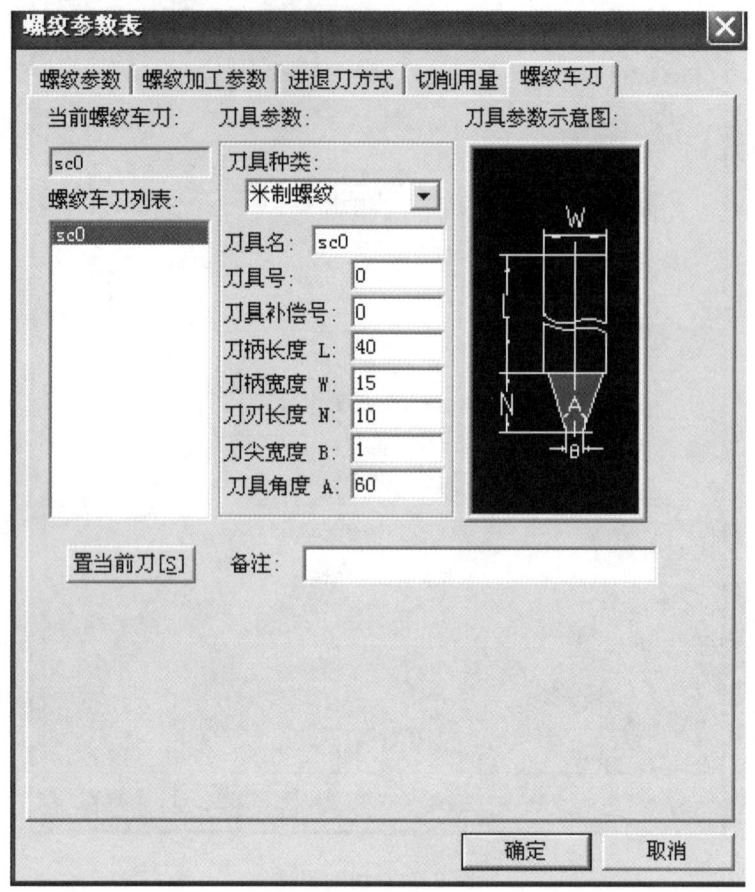

图 2.22 螺纹车刀

（3）刀具名：刀具的名称，用于刀具标识和列表。刀具名是唯一的。

（4）刀具号：刀具的系列号，用于后置处理的自动换刀指令。刀具号唯一，并对应机床的刀库。

（5）刀具补偿号：刀具补偿值的序列号，其值对应于机床的数据库。

（6）刀柄长度：刀具可夹持段的长度。

（7）刀柄宽度：刀具可夹持段的宽度。

（8）刀刃长度：刀具切削刃顶部的宽度。对于三角螺纹车刀，刀刃宽度等于 0。

（9）刀尖宽度：螺纹齿底宽度。

（10）刀具角度：刀具切削段两侧边与垂直于切削方向的夹角，该角度决定了车削出的螺纹的螺纹角。

2.6 螺纹固定循环

采用固定循环方式加工螺纹。

2.6.1 参数设置

在"数控车"子菜单区中选取"螺纹固定循环"功能项，或者在工具条中点中击 图标，根据操作提示"拾取螺纹起始点"，在绘图区拾取螺纹起始点，再根据操作提示"拾取螺纹终点"，出现"螺纹固定循环加工参数表"对话框，如图2.23所示。

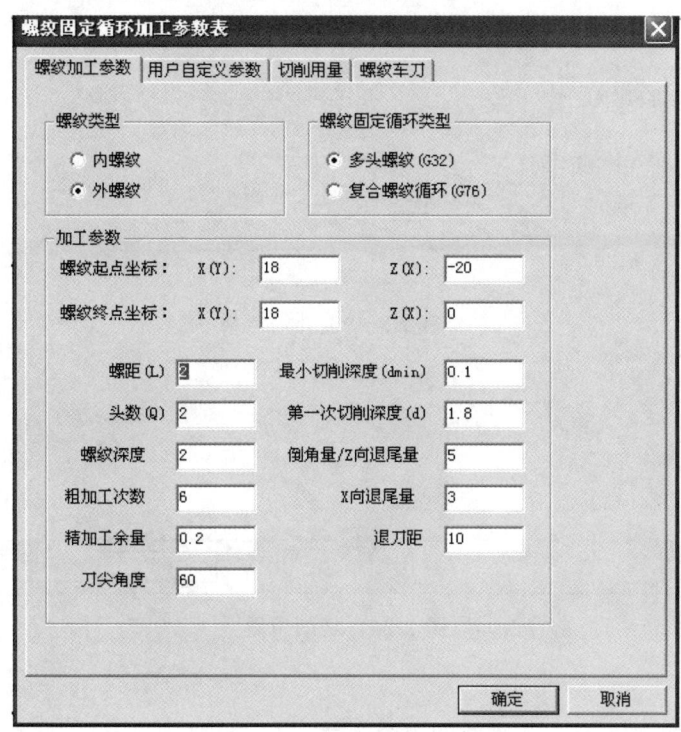

图2.23 螺纹固定循环加工参数表

螺纹固定循环加工参数表主要用于对螺纹固定循环加工中的各种工艺条件和加工方式进行设定。

2.6.1.1 螺纹加工参数

对于多头螺纹：

（1）起点坐标：车螺纹的起始点坐标，单位为毫米。
（2）终点坐标：车螺纹的终止点坐标，单位为毫米。
（3）螺距：螺纹上相邻两牙在中径线上对应两点间的轴向距离。
（4）头数：螺纹起始点到终止点之间的牙数。
（5）螺纹深度：螺纹长度。

2.6.1.2 切削用量

点击"螺纹固定循环加工参数表"对话框中的"切削用量"标签可进入切削用量参数表，如图2.24所示。

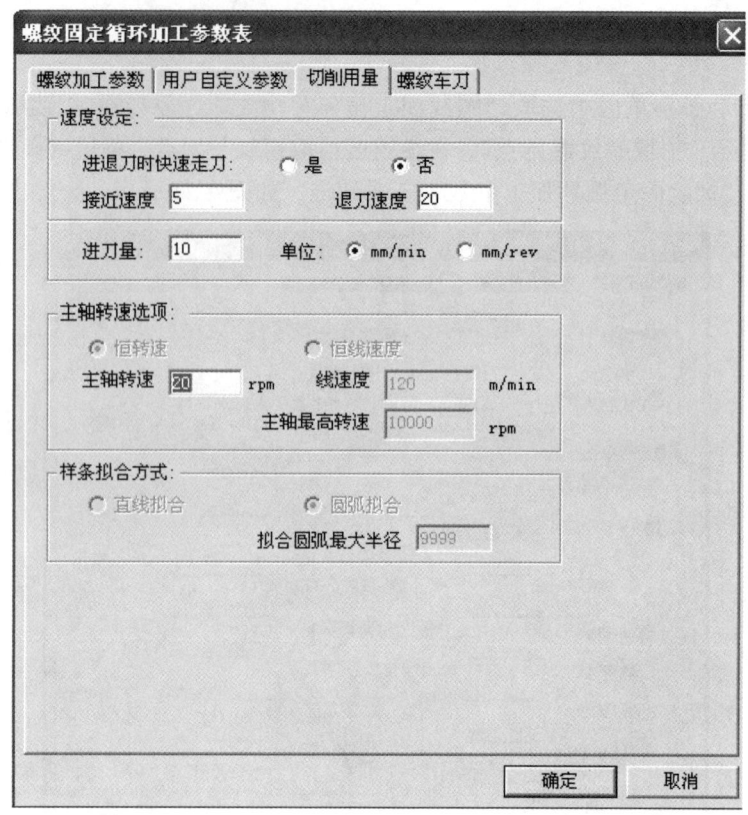

图 2.24 切削用量

1. 速度设定

(1) 接近速度：刀具接近工件时的进给速度。

(2) 主轴转速：机床主轴旋转的速度。计量单位是机床缺省的单位。

(3) 退刀速度：刀具离开工件的速度。

2. 主轴转速选项

(1) 恒转速：切削过程中按指定的主轴转速保持主轴转速恒定，直到下一指令改变该转速。

(2) 恒线速度：切削过程中按指定的线速度值保持线速度恒定。

3. 样条拟合方式

(1) 直线拟合：对加工轮廓中的样条线根据给定的加工精度用直线段进行拟合。

(2) 圆弧拟合：对加工轮廓中的样条线根据给定的加工精度用圆弧段进行拟合。

2.6.1.3 螺纹车刀

点击"螺纹固定循环加工参数表"对话框中的"螺纹车刀"标签可进入螺纹车刀参数表，如图 2.25 所示。

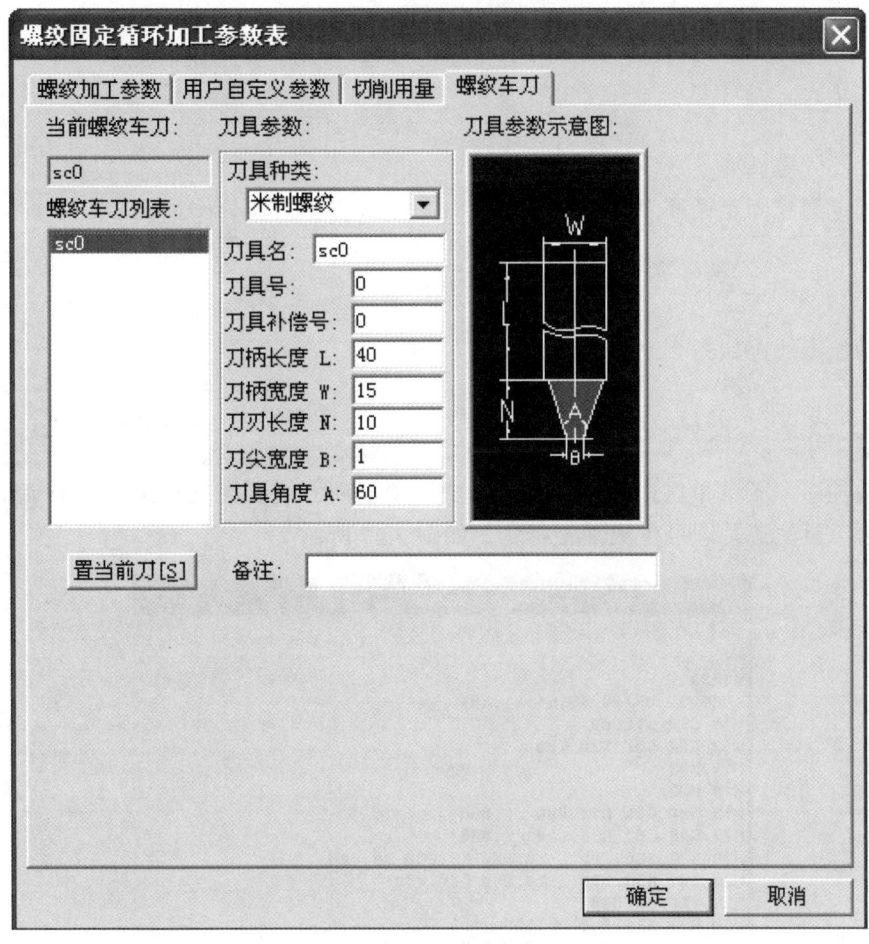

图 2.25 螺纹车刀

（1）当前螺纹车刀：显示当前使用的刀具的刀具名。当前刀具就是在加工中要使用的刀具，在加工轨迹的生成中要使用当前刀具的刀具参数。

（2）螺纹车刀列表：显示刀具库中所有同类型刀具的名称，可通过鼠标或键盘的上下键选择不同的刀具名，刀具参数表中将显示所选刀具的参数。用鼠标双击所选的刀具还能将其置为当前刀具。

（3）刀具名：刀具的名称，用于刀具标识和列表。刀具名是唯一的。

（4）刀具号：刀具的系列号，用于后置处理的自动换刀指令。刀具号唯一，并对应机床的刀库。

（5）刀具补偿号：刀具补偿值的序列号，其值对应于机床的数据库。

（6）刀柄长度：刀具可夹持段的长度。

（7）刀柄宽度：刀具可夹持段的宽度。

（8）刀刃长度：刀具切削刃顶部的宽度。对于三角螺纹车刀，刀刃宽度等于0。

（9）刀尖宽度：螺纹齿底宽度。

（10）刀具角度：刀具切削段两侧边与垂直于切削方向的夹角，该角度决定了车削出的螺纹的螺纹角。

2.6.2 螺纹固定循环加工

2.6.2.1 加工步骤

（1）螺纹固定循环参数设定。
（2）确定螺纹固定循环刀具。

2.6.2.2 生成加工轨迹

生成的加工轨迹如图 2.26 所示。

2.6.2.3 生成加工代码

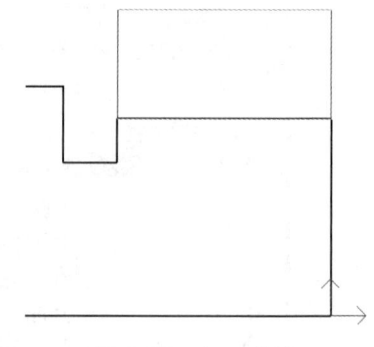

图 2.26 加工轨迹

在"数控车"子菜单区中选取"代码生成"功能项，或者在工具条中点击 图标，拾取刚生成的刀具轨迹，即可生成加工指令，如图 2.27 所示。

图 2.27 加工指令

2.7 等截面粗加工

2.7.1 参数设置

在"数控车"子菜单区中选取"等截面粗加工"功能项，或者在工具条中点击 图标，出现"等截面粗加工参数表"对话框，如图 2.28 所示。

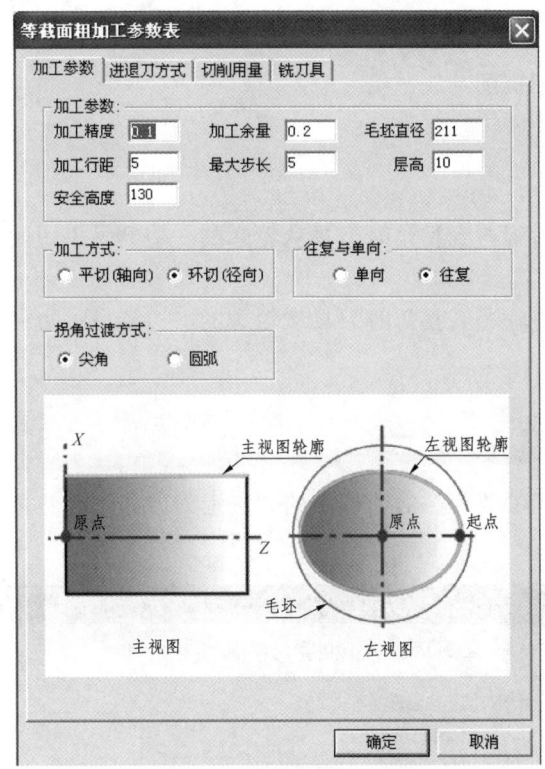

图 2.28 等截面粗加工参数表

等截面粗加工参数表主要用于对等截面粗加工中的各种工艺条件和加工方式进行设定。

2.7.1.1 加工参数

1. 加工参数

（1）加工精度：用户可按需要来控制加工的精度。对于轮廓中的直线和圆弧，机床可以精确地加工；对于由样条曲线组成的轮廓，系统将按给定的精度把样条曲线转化成直线段来满足用户所需的加工精度。

（2）加工余量：是指加工结束后，被加工表面没有加工的部分的剩余量（与最终加工结果比较）。

（3）毛坯直径：所提供棒料的直径。

（4）加工行距：在切削过程中两次切削的距离。

（5）最大步长：在一次切削中每次走刀的最大距离。

（6）层高：在径向方向两次切削的距离。

（7）安全高度：在距离切削表面一定高度时，刀具自动按照切削速度走刀的高度为安全高度。

2. 加工方式

（1）平切（轴向）：以长度为方向进行切削。

（2）环切（径向）：旋转切削。

3. 往复与单向

(1) 单向：一个方向铣削。

(2) 往复：来回铣削。

4. 拐角过渡方式

(1) 尖角：在切削过程遇到拐角时刀具从轮廓的一边到另一边的过程中，以尖角的方式过渡。

(2) 圆弧：在切削过程遇到拐角时刀具从轮廓的一边到另一边的过程中，以圆弧的方式过渡。

2.7.1.2 进退刀方式

点击"等截面粗加工参数表"对话框中的"进退刀方式"标签可进入进退刀参数表，如图 2.29 所示。

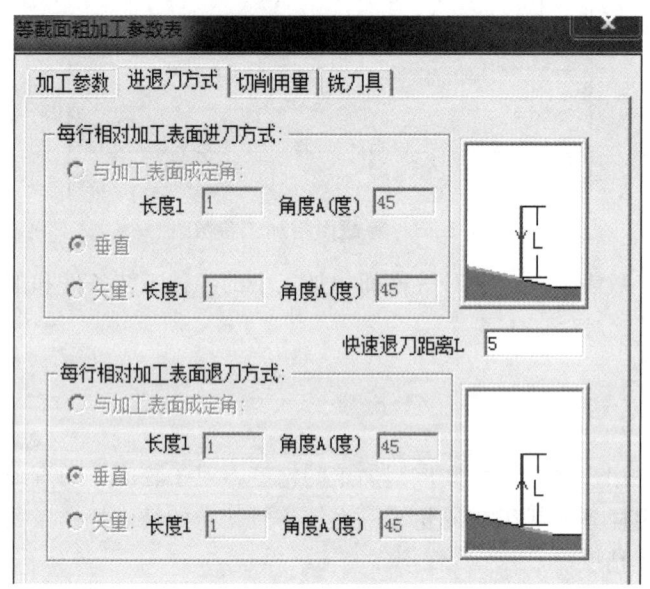

图 2.29 进退刀方式

1. 进刀方式

垂直：指刀具直接进刀到每一切削行的起始点。

矢量：指在每一切削行前加入一段与系统 X 轴（机床 Z 轴）正方向成一定夹角的进刀段，刀具进刀到该进刀段的起点，再沿该进刀段进刀至切削行。

长度：定义矢量（进刀段）的长度。

角度：定义矢量（进刀段）与系统 X 轴正方向的夹角。

2. 退刀方式

垂直：指刀具直接退刀到每一切削行的起始点。

矢量：指在每一切削行后加入一段与系统 X 轴（机床 Z 轴）正方向成一定夹角的退刀

段,刀具先沿该退刀段退刀,再从该退刀段的末点开始垂直退刀。
长度:定义矢量(退刀段)的长度。
角度:定义矢量(退刀段)与系统 X 轴正方向的夹角。
快速退刀距离:以给定的退刀速度回退的距离(相对值),在此距离上以机床允许的最大进给速度 G0 退刀。

2.7.1.3 切削用量

点击"等截面粗加工参数表"对话框中的"切削用量"标签可进入切削用量参数表,如图 2.30 所示。

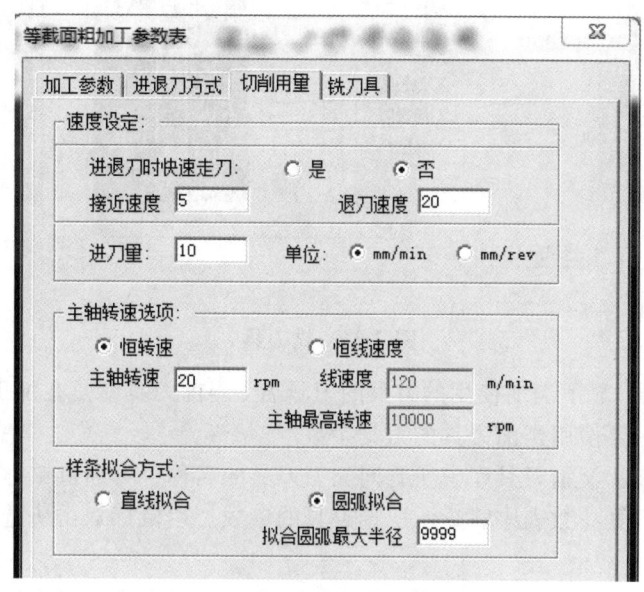

图 2.30 切削用量

1. 速度设定

(1)进退刀时快速走刀:指刀具在到达切削表面前和离开切削表面后,支持刀具快速移动。

(2)接近速度:刀具接近切削表面时的刀具移动速度。

(3)退刀速度:刀具离开切削表面时的刀具移动速度。

(4)进刀量:刀具在切削过程中的刀具移动速度。

2. 主轴转速选项

(1)恒转速:切削过程中按指定的主轴转速保持主轴转速恒定,直到下一指令改变该转速。

(2)恒线速度:切削过程中按指定的线速度值保持线速度恒定。

3. 样条拟合方式

(1)直线拟合:对加工轮廓中的样条线根据给定的加工精度用直线段进行拟合。

(2)圆弧拟合:对加工轮廓中的样条线根据给定的加工精度用圆弧段进行拟合。

2.7.1.4 铣刀具

点击"等截面粗加工参数表"对话框中的"铣刀具"标签可进入铣刀具参数表，如图 2.31 所示。

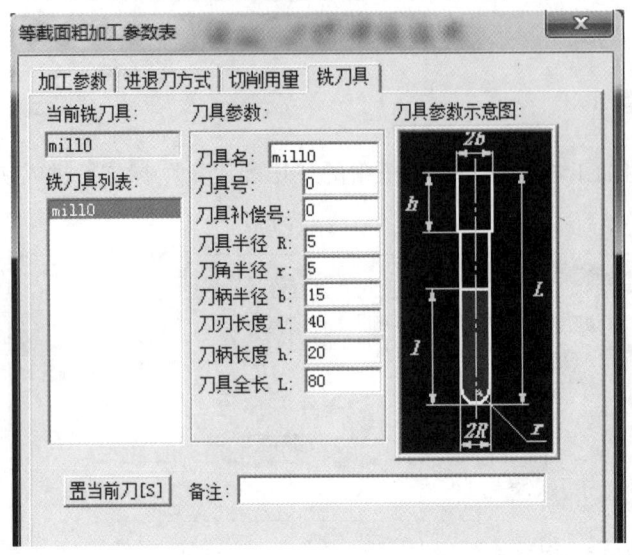

图 2.31 铣刀具

（1）当前铣刀具：显示当前使用的刀具的刀具名。当前刀具就是在加工中要使用的刀具，在加工轨迹的生成中要使用当前刀具的刀具参数。

（2）铣刀具列表：显示刀具库中所有同类型刀具的名称，可通过鼠标或键盘的上下键选择不同的刀具名，刀具参数表中将显示所选刀具的参数。用鼠标双击所选的刀具还能将其置为当前刀具。

（3）刀具名：刀具的名称，用于刀具标识和列表。刀具名是唯一的。

（4）刀具号：刀具的系列号，用于后置处理的自动换刀指令。刀具号唯一，并对应机床的刀库。

（5）刀具补偿号：刀具补偿值的序列号，其值对应于机床的数据库。

（6）刀具半径：刀具刃部的半径。

（7）刀角半径：刀具刃部到刀具底部的圆弧半径。

（8）刀刃长度：刀具切削刃部的长度。

（9）刀柄长度：刀具可夹持段的长度。

（10）刀具全长：刀具的总长。

2.7.2 等截面粗加工

2.7.2.1 加工步骤

（1）等截面粗加工参数设定。

（2）确定等截面粗加工刀具。

（3）先在软件中画出加工零件的左视图及主视图，如图2.32所示。其中，主视图为零件的加工长度。

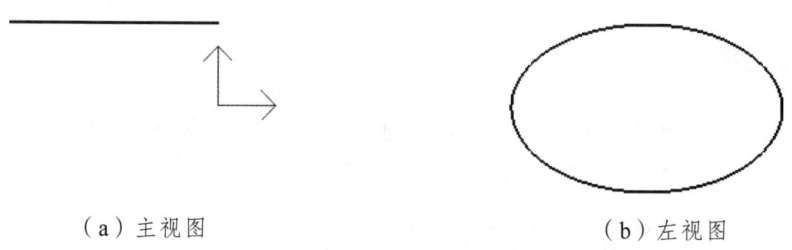

(a) 主视图　　　　　　　　　　(b) 左视图

图 2.32　加工零件视图

2.7.2.2　生成加工轨迹

根据软件操作提示依次拾取加工截面左视图的坐标原点、加工轮廓起点、左视图的轮廓线以及截面主视图的轮廓线，最后生成加工轨迹，如图2.33所示。

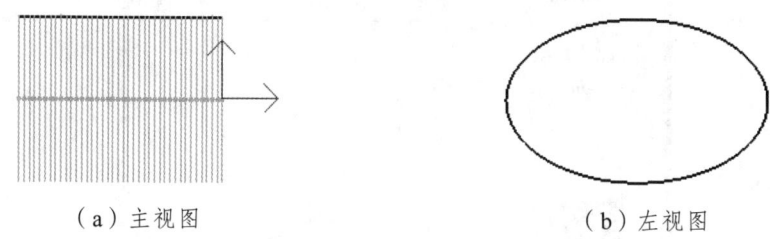

(a) 主视图　　　　　　　　　　(b) 左视图

图 2.33　加工轨迹

2.7.2.3　生成加工代码

在"数控车"子菜单区中选取"代码生成"功能项，或者在工具条中点击 图标，拾取刚生成的刀具轨迹，即可生成加工指令，如图2.34所示。

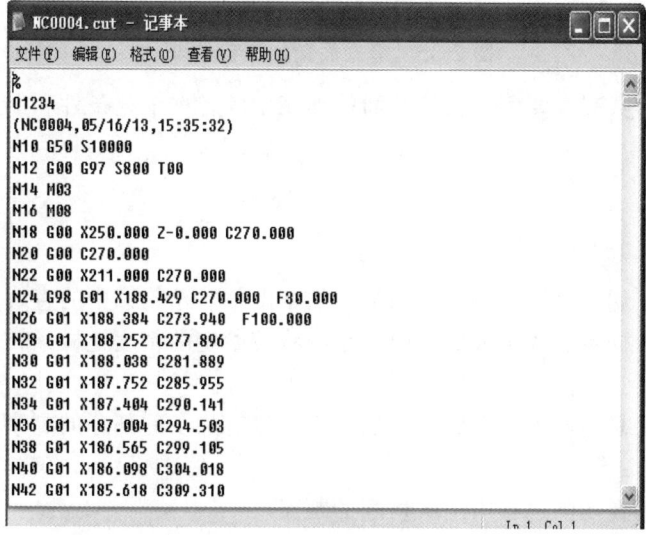

图 2.34　加工指令

2.8 等截面精加工

2.8.1 参数设置

在"数控车"子菜单区中选取"等截面精加工"功能项,或者在工具条中点击 ◎ 图标,出现"等截面精加工参数表"对话框,如图 2.35 所示。

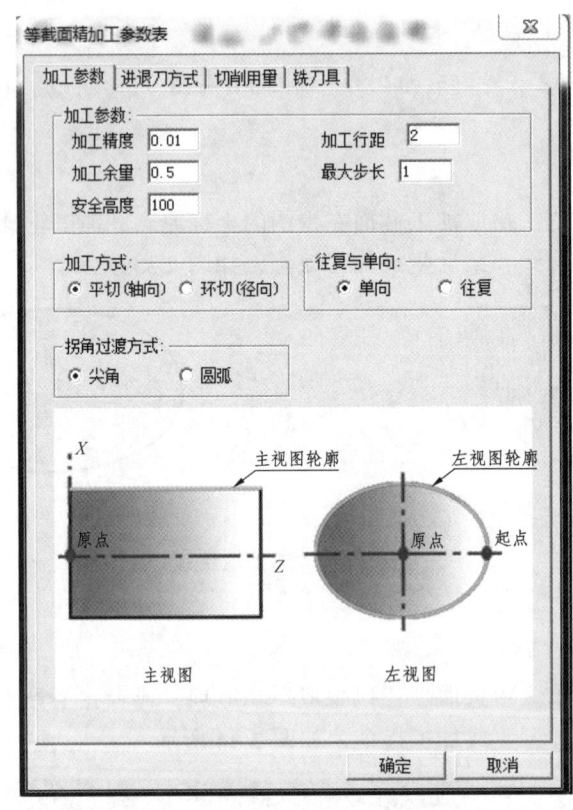

图 2.35 等截面精加工参数表

等截面精加工参数表主要用于对等截面精加工中的各种工艺条件和加工方式进行设定。

2.8.1.1 加工参数

1. 加工参数

(1)加工精度:用户可按需要来控制加工的精度。对于轮廓中的直线和圆弧,机床可以精确地加工;对于由样条曲线组成的轮廓,系统将按给定的精度把样条转化成直线段来满足用户所需的加工精度。

(2)加工余量:是指加工结束后,被加工表面没有加工的部分的剩余量(与最终加工结果比较)。

(3)加工行距:在切削过程中两次切削的距离。

(4)最大步长:在一次切削中每次走刀的最大距离。

(5)安全高度:在距离切削表面一定高度时,刀具自动按照切削速度走刀的高度为安全高度。

2. 加工方式

(1)平切(轴向):以长度为方向进行切削。

(2)环切(径向):旋转切削。

3. 往复与单向

(1)单向:一个方向铣削。

(2)往复:来回铣削。

4. 拐角过渡方式

(1)尖角:在切削过程遇到拐角时刀具从轮廓的一边到另一边的过程中,以尖角的方式过渡。

(2)圆弧:在切削过程遇到拐角时刀具从轮廓的一边到另一边的过程中,以圆弧的方式过渡。

2.8.1.2 进退刀方式

点击"等截面精加工参数表"对话框中的"进退刀方式"标签可进入进退刀参数表,如图 2.36 所示。

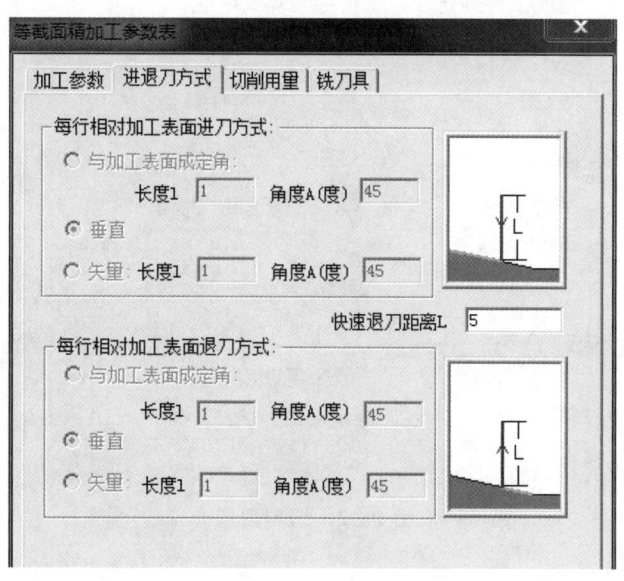

图 2.36 进退刀方式

1. 进刀方式

垂直:指刀具直接进刀到每一切削行的起始点。

矢量:指在每一切削行前加入一段与系统 X 轴(机床 Z 轴)正方向成一定夹角的进刀段,刀具进刀到该进刀段的起点,再沿该进刀段进刀至切削行。

长度：定义矢量（进刀段）的长度。
角度：定义矢量（进刀段）与系统 X 轴正方向的夹角。

2．退刀方式

垂直：指刀具直接退刀到每一切削行的起始点。

矢量：指在每一切削行后加入一段与系统 X 轴（机床 Z 轴）正方向成一定夹角的退刀段，刀具先沿该退刀段退刀，再从该退刀段的末点开始垂直退刀。

长度：定义矢量（退刀段）的长度。

角度：定义矢量（退刀段）与系统 X 轴正方向的夹角。

快速退刀距离：以给定的退刀速度回退的距离（相对值），在此距离上以机床允许的最大进给速度 G0 退刀。

2.8.1.3 切削用量

点击"等截面精加工参数表"对话框中的"切削用量"标签可进入切削用量参数表，如图 2.37 所示。

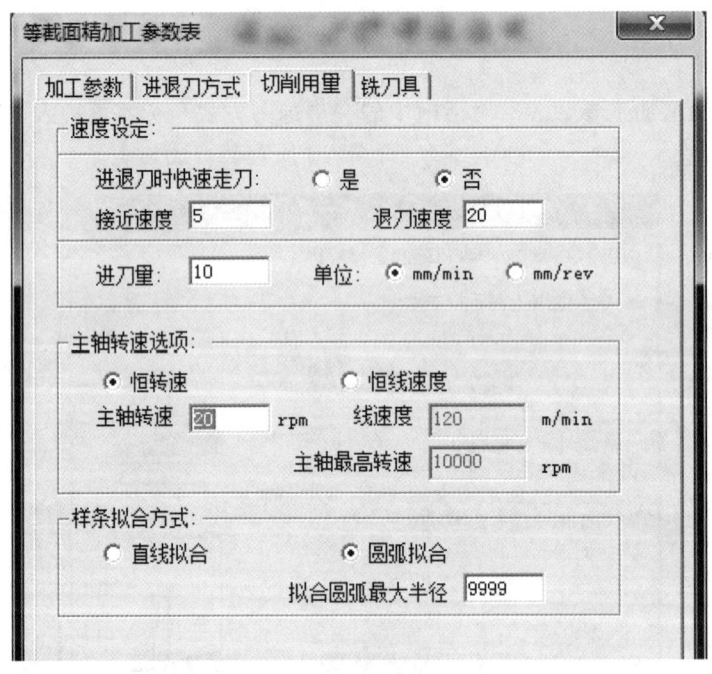

图 2.37 切削用量

1．速度设定

（1）进退刀时快速走刀：指刀具在到达切削表面前和离开切削表面后，支持刀具快速移动。

（2）接近速度：刀具接近切削表面时的刀具移动速度。

（3）退刀速度：刀具离开切削表面时的刀具移动速度。

（4）进刀量：刀具在切削过程中的刀具移动速度。

2. 主轴转速选项

（1）恒转速：切削过程中按指定的主轴转速保持主轴转速恒定，直到下一指令改变该转速。

（2）恒线速度：切削过程中按指定的线速度值保持线速度恒定。

3. 样条拟合方式

（1）直线拟合：对加工轮廓中的样条线根据给定的加工精度用直线段进行拟合。

（2）圆弧拟合：对加工轮廓中的样条线根据给定的加工精度用圆弧段进行拟合。

2.8.1.4 铣刀具

点击"等截面精加工参数表"对话框中的"铣刀具"标签可进入铣刀具参数表，如图 2.38 所示。

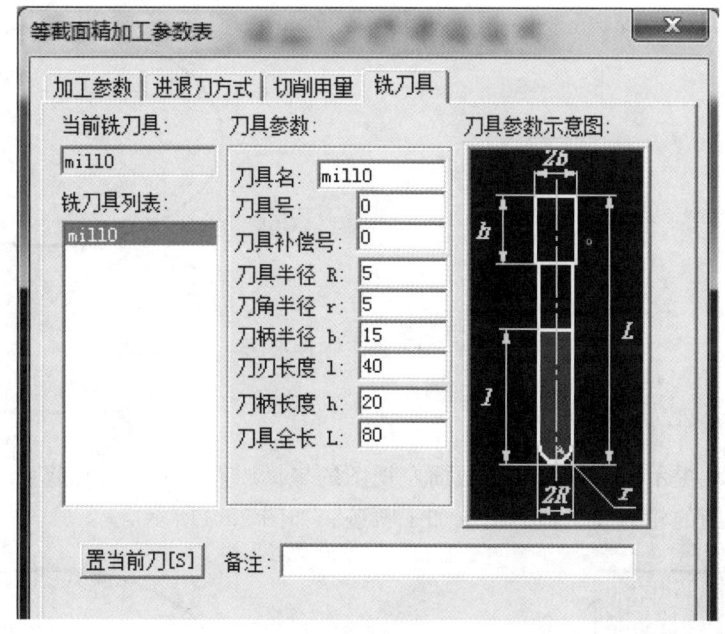

图 2.38 铣刀具

（1）当前铣刀具：显示当前使用的刀具的刀具名。当前刀具就是在加工中要使用的刀具，在加工轨迹的生成中要使用当前刀具的刀具参数。

（2）铣刀具列表：显示刀具库中所有同类型刀具的名称，可通过鼠标或键盘的上下键选择不同的刀具名，刀具参数表中将显示所选刀具的参数。用鼠标双击所选的刀具还能将其置为当前刀具。

（3）刀具名：刀具的名称，用于刀具标识和列表。刀具名是唯一的。

（4）刀具号：刀具的系列号，用于后置处理的自动换刀指令。刀具号唯一，并对应机床的刀库。

（5）刀具补偿号：刀具补偿值的序列号，其值对应于机床的数据库。

（6）刀具半径：刀具刃部的半径。

（7）刀角半径：刀具刃部到刀具底部的圆弧半径。

（8）刀刃长度：刀具切削刃部的长度。

（9）刀柄长度：刀具可夹持段的长度。

（10）刀具全长：刀具的总长。

2.8.2 等截面精加工

2.8.2.1 加工步骤

（1）等截面精加工参数设定。

（2）确定等截面精加工刀具。

（3）先在软件绘图区画出加工零件的左视图及主视图，如图 2.39 所示。其中，主视图为零件的加工长度。

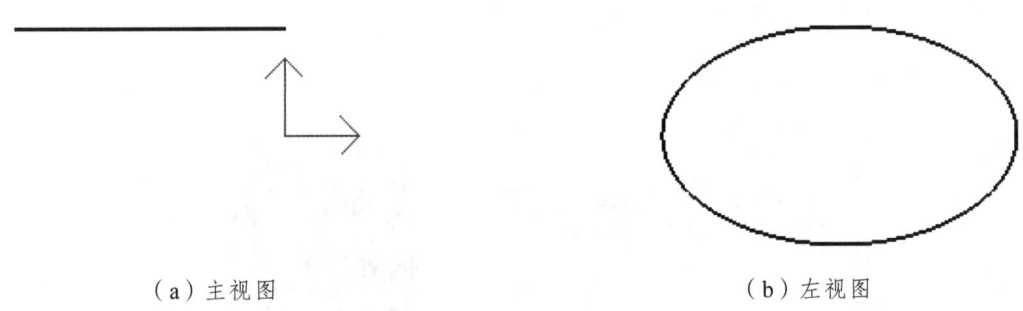

（a）主视图　　　　　　　　　　　　（b）左视图

图 2.39　加工零件视图

2.8.2.2 生成加工轨迹

根据软件操作提示依次拾取加工截面左视图的坐标原点、加工轮廓起点、左视图的轮廓线以及截面主视图的轮廓线，最后生成加工轨迹，如图 2.40 所示。

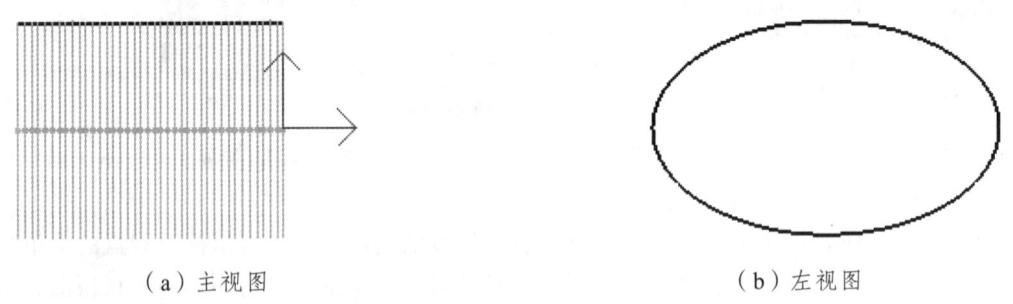

（a）主视图　　　　　　　　　　　　（b）左视图

图 2.40　加工轨迹

2.8.2.3 生成加工代码

在"数控车"子菜单区中选取"代码生成"功能项，或者在工具条中点击 图标，拾取刚生成的刀具轨迹，即可生成加工指令，如图 2.41 所示。

图 2.41 加工指令

2.9 径向 G01 钻孔

2.9.1 参数设置

在"数控车"子菜单区中选取"径向 G01 钻孔"功能项,或者在工具条中点击 图标,出现"径向 G01 钻孔"对话框,如图 2.42 所示。

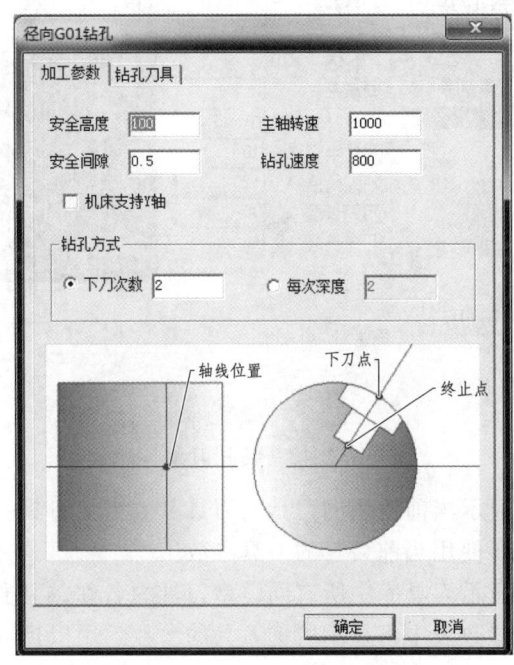

图 2.42 径向 G01 钻孔

径向 G01 钻孔参数表主要用于对径向 G01 钻孔加工中的各种工艺条件和加工方式进行设定。

2.9.1.1 加工参数

1. 加工参数

（1）安全高度：在距离工件表面一定高度时，刀具自动按照钻孔速度走刀的高度为安全高度。

（2）安全间隙：刀具按钻孔速度走刀时，刀具底面距工件表面之间的间隙。

（3）主轴转速：钻孔刀具旋转的速度。

（4）钻孔速度：钻孔刀具在钻孔过程的下降速度。

2. 钻孔方式

（1）下刀次数：钻孔过程中多次钻孔的次数。

（2）每次深度：每次钻孔的深度。

2.9.1.2 钻孔刀具

点击"径向 G01 钻孔"对话框中的"钻孔刀具"标签可进入钻孔工具参数表，如图 2.43 所示。

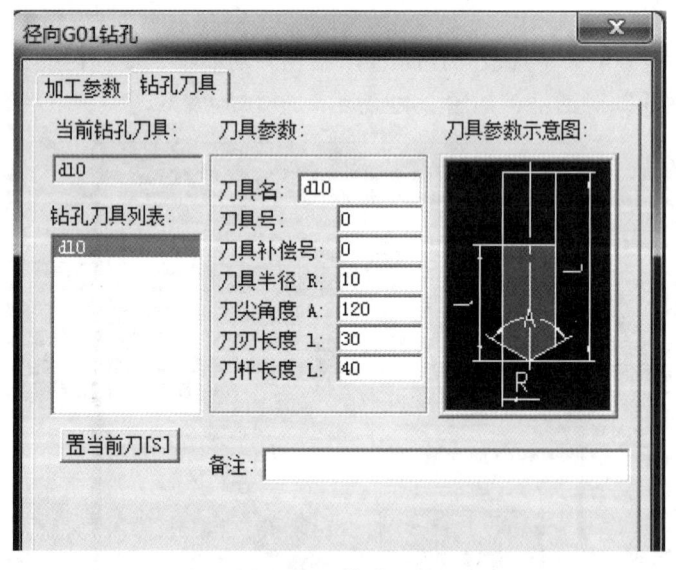

图 2.43 钻孔刀具

（1）当前钻孔刀具：显示当前使用的刀具的刀具名。当前刀具就是在加工中要使用的刀具，在加工轨迹的生成中要使用当前刀具的刀具参数。

（2）钻孔刀具列表：显示刀具库中所有同类型刀具的名称，可通过鼠标或键盘的上下键选择不同的刀具名，刀具参数表中将显示所选刀具的参数。用鼠标双击所选的刀具还能将其置为当前刀具。

(3) 刀具名：刀具的名称，用于刀具标识和列表。刀具名是唯一的。

(4) 刀具号：刀具的系列号，用于后置处理的自动换刀指令。刀具号唯一，并对应机床的刀库。

(5) 刀具补偿号：刀具补偿值的序列号，其值对应于机床的数据库。

(6) 刀具半径：刀具刃部的半径。

(7) 刀刃角度：刀具刃部之间的夹角。

(8) 刀刃长度：刀具钻孔刃部的长度。

(9) 刀杆长度：刀具全长。

2.9.2 径向 G01 钻孔

2.9.2.1 加工步骤

(1) 径向 G01 钻孔加工参数设定。

(2) 确定径向 G01 钻孔刀具。

(3) 先在软件绘图区画出加工零件的主视图及左视图，如图 2.44 所示。

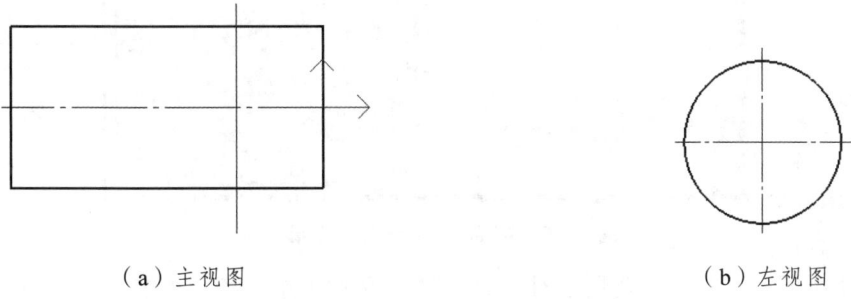

（a）主视图　　　　　　　　　　　　（b）左视图

图 2.44　加工零件视图

2.9.2.2 生成加工轨迹

分别选取截面左视图的坐标原点、钻孔下刀点、钻孔终止点和截面线所在的轴线位置，生成刀具轨迹。

2.10　端面 G01 钻孔

2.10.1　参数设置

在"数控车"子菜单区中选取"端面 G01 钻孔"功能项，或者在工具条中点击 图标，出现"端面 G01 钻孔"对话框，如图 2.45 所示。

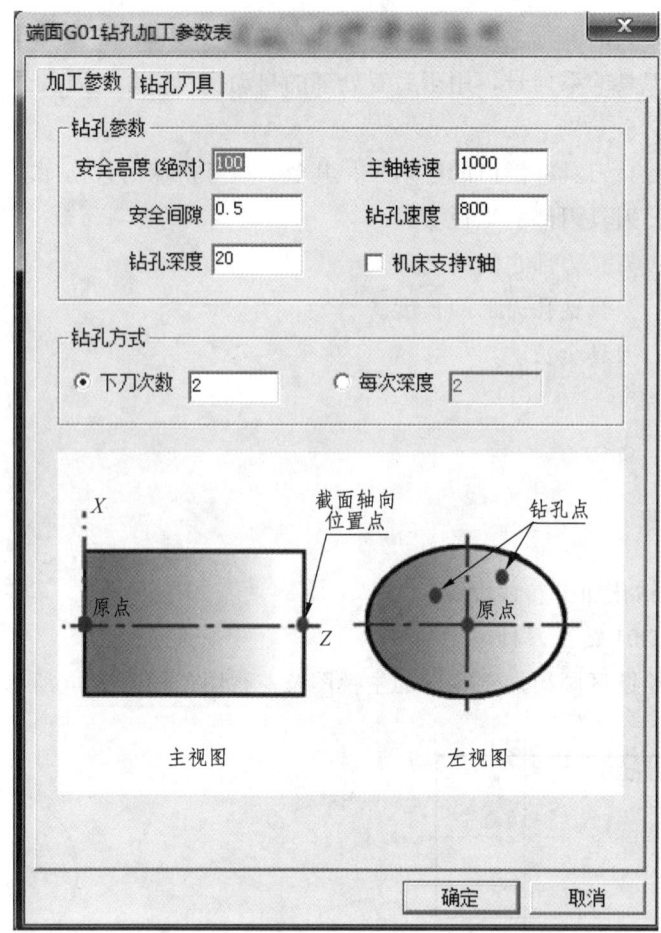

图 2.45　端面 G01 钻孔加工参数表

端面 G01 钻孔参数表主要用于对端面 G01 钻孔加工中的各种工艺条件和加工方式进行设定。

2.10.1.1　加工参数

1. 加工参数

（1）安全高度：在距离工件表面一定高度时，刀具自动按照钻孔速度走刀的高度为安全高度。

（2）安全间隙：刀具按钻孔速度走刀时，刀具底面距工件表面之间的间隙。

（3）钻孔深度：需要钻孔的深度。

（4）主轴转速：钻孔刀具旋转的速度。

（5）钻孔速度：钻孔刀具在钻孔过程的下降速度。

2. 钻孔方式

（1）下刀次数：钻孔过程中多次钻孔的次数。

（2）每次深度：每次钻孔的深度。

2.10.1.2 钻孔刀具

点击"端面 G01 钻孔加工参数表"对话框中的"钻孔刀具"标签可进入钻孔刀具参数表，如图 2.46 所示。

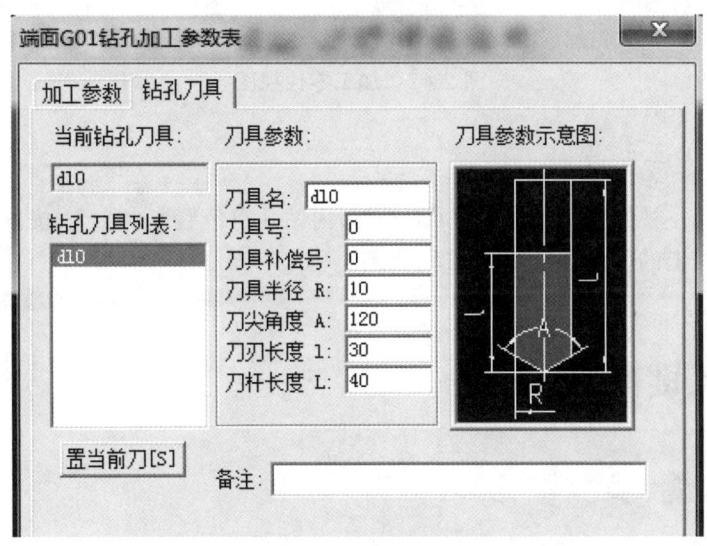

图 2.46 钻孔刀具

（1）当前钻孔刀具：显示当前使用的刀具的刀具名。当前刀具就是在加工中要使用的刀具，在加工轨迹的生成中要使用当前刀具的刀具参数。

（2）钻孔刀具列表：显示刀具库中所有同类型刀具的名称，可通过鼠标或键盘的上下键选择不同的刀具名，刀具参数表中将显示所选刀具的参数。用鼠标双击所选的刀具还能将其置为当前刀具。

（3）刀具名：刀具的名称，用于刀具标识和列表。刀具名是唯一的。

（4）刀具号：刀具的系列号，用于后置处理的自动换刀指令。刀具号唯一，并对应机床的刀库。

（5）刀具补偿号：刀具补偿值的序列号，其值对应于机床的数据库。

（6）刀具半径：刀具刃部的半径。

（7）刀刃角度：刀具刃部之间的夹角。

（8）刀刃长度：刀具钻孔刃部的长度。

（9）刀杆长度：刀具全长。

2.10.2 端面 G01 钻孔

2.10.2.1 加工步骤

（1）端面 G01 钻孔加工参数设定。

（2）确定端面 G01 钻孔刀具。

（3）先在软件绘图区画出加工零件的主视图及左视图，如图 2.47 所示。

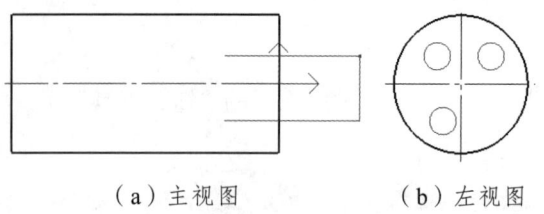

（a）主视图　　　　　（b）左视图

图 2.47　加工零件视图

2.10.2.2　生成加工轨迹

分别选取截面左视图坐标原点、截面左视图内钻孔点位置（多个），按鼠标右键。再拾取截面在主视图轴线上的位置点，生成刀具轨迹。

2.11　埋入式键槽加工

2.11.1　参数设置

在"数控车"子菜单区中选取"埋入式键槽加工"功能项，或者在工具条击点中 图标，出现"埋入式键槽加工参数表"对话框，如图 2.48 所示。

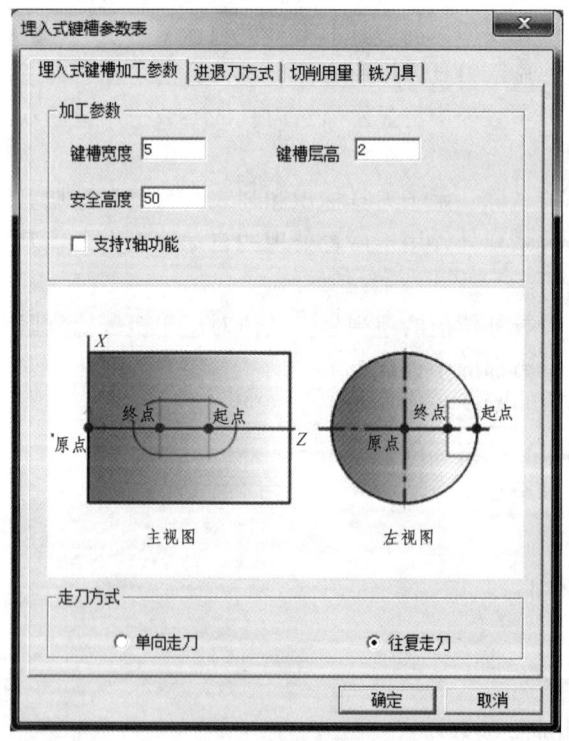

图 2.48　埋入式键槽参数表

埋入式键槽加工表主要用于对埋入式键槽加工中的各种工艺条件和加工方式进行设定。

2.11.1.1 加工参数

1. 加工参数

（1）键槽宽度：所铣键槽的宽度。
（2）键槽层高：所铣键槽的每层切深高度。
（3）安全高度：刀具在此高度以上任何位置，均不会碰伤工件和夹具。

2. 走刀方式

（1）往复走刀：在刀具轨迹行数大于1时，行之间的刀具轨迹方向可以往复。
（2）单向走刀：在刀次大于1时，同一层的刀具轨迹沿着同一方向进行加工。

2.11.1.2 进退刀方式

点击"埋入式键槽参数表"对话框中的"进退刀方式"标签可进入进退刀方式参数表，如图 2.49 所示。

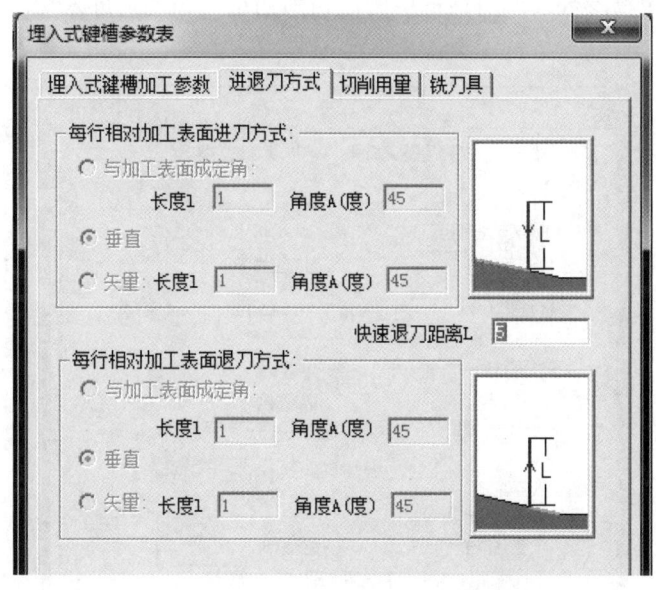

图 2.49 进退刀方式

1. 进刀方式

（1）相对加工表面进刀方式：用于指定对加工表面部分进行切削时的进刀方式。
（2）与加工表面成定角：指在每一切削行前加入一段与轨迹切削方向夹角成一定角度的进刀段，刀具垂直进刀到该进刀段的起点，再沿该进刀段进刀至切削行。角度定义该进刀段与轨迹切削方向的夹角，长度定义该进刀段的长度。
（3）垂直进刀：指刀具直接进刀到每一切削行的起始点。
（4）矢量进刀：指在每一切削行前加入一段与系统 X 轴（机床 Z 轴）正方向成一定夹角的进刀段，刀具进刀到该进刀段的起点，再沿该进刀段进刀至切削行。角度定义矢量（进刀段）与系统 X 轴正方向的夹角，长度定义矢量（进刀段）的长度。

2. 退刀方式

（1）相对加工表面退刀方式：用于指定对加工表面部分进行切削时的退刀方式。

（2）与加工表面成定角：指在每一切削行后加入一段与轨迹切削方向夹角成一定角度的退刀段，刀具先沿该退刀段退刀，再从该退刀段的末点开始垂直退刀。角度定义该退刀段与轨迹切削方向的夹角，长度定义该退刀段的长度。

（3）垂直退刀：指刀具直接进刀到每一切削行的起始点。

（4）矢量退刀：指在每一切削行后加入一段与系统 X 轴（机床 Z 轴）正方向成一定夹角的退刀段，刀具先沿该退刀段退刀，再从该退刀段的末点开始垂直退刀。角度定义矢量（退刀段）与系统 X 轴正方向的夹角，长度定义矢量（退刀段）的长度。

（5）快速退刀距离：以给定的退刀速度回退的距离（相对值），在此距离上以机床允许的最大进给速度 G0 退刀。

2.11.1.3 切削用量

点击"埋入式键槽参数表"对话框中的"切削用量"标签可进入切削用量参数表，如图 2.50 所示。

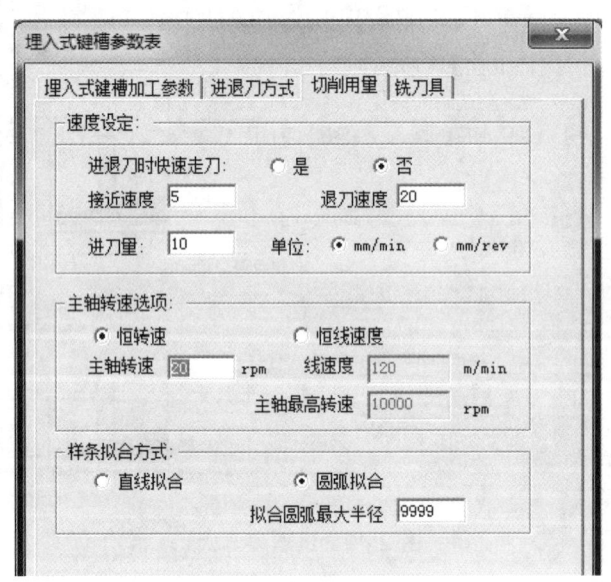

图 2.50 切削用量

1. 速度设定

（1）接近速度：刀具接近工件时的进给速度。

（2）主轴转速：机床主轴旋转的速度。计量单位是机床缺省的单位。

（3）退刀速度：刀具离开工件的速度。

2. 主轴转速选项

（1）恒转速：切削过程中按指定的主轴转速保持主轴转速恒定，直到下一指令改变该转速。

（2）恒线速度：切削过程中按指定的线速度值保持线速度恒定。

3. 样条拟合方式

（1）直线拟合：对加工轮廓中的样条线根据给定的加工精度用直线段进行拟合。
（2）圆弧拟合：对加工轮廓中的样条线根据给定的加工精度用圆弧段进行拟合。

2.11.1.4　铣刀具

点击"埋入式键槽参数表"对话框中的"铣刀具"标签可进入铣刀具参数表，如图 2.51 所示。

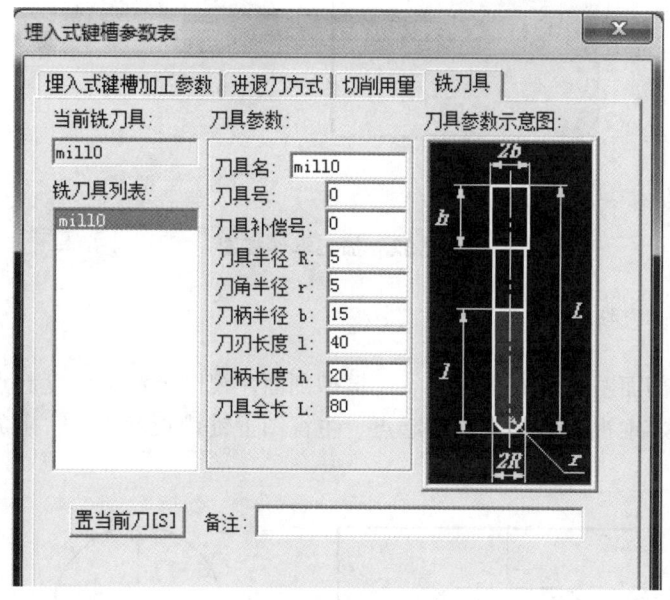

图 2.51　铣刀具

（1）当前铣刀：显示当前使用的刀具的刀具名。当前刀具就是在加工中要使用的刀具，在加工轨迹的生成中要使用当前刀具的刀具参数。
（2）铣刀列表：显示刀具库中所有同类型刀具的名称，可通过鼠标或键盘的上下键选择不同的刀具名，刀具参数表中将显示所选刀具的参数。用鼠标双击所选的刀具还能将其置为当前刀具。
（3）刀具名：刀具的名称。
（4）刀具号：刀具在加工中心里的位置编号，便于加工过程中换刀。
（5）刀具补偿号：刀具半径补偿值对应的编号。
（6）刀具半径：刀刃部分最大截面圆的半径大小。
（7）刀角半径：刀刃部分球形轮廓区域半径的大小，只对铣刀有效。
（8）刀柄半径：刀柄部分截面圆半径的大小。
（9）刀刃长度：刀刃部分的长度。
（10）刀柄长度：刀柄部分的长度。
（11）刀具全长：刀杆与刀柄长度的总和。

2.11.2 埋入式键槽加工

2.11.2.1 加工步骤

（1）埋入式键槽加工参数设定。

（2）确定埋入式键槽加工刀具。

（3）先在软件绘图区画出加工零件的主视图及左视图，如图 2.52 所示。

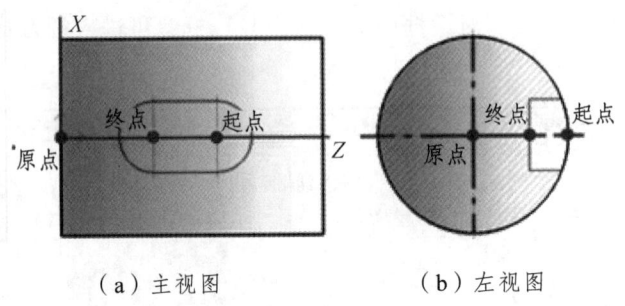

（a）主视图　　　　（b）左视图

图 2.52　加工零件视图

2.11.2.2 生成加工轨迹

分别选取键槽剖面左视图的坐标原点、键槽剖面左视图上键槽深度起点、键槽剖面左视图上键槽深度终点、主视图上键槽长度起点、主视图上键槽长度终点，生成刀具轨迹，如图 5.53 所示。

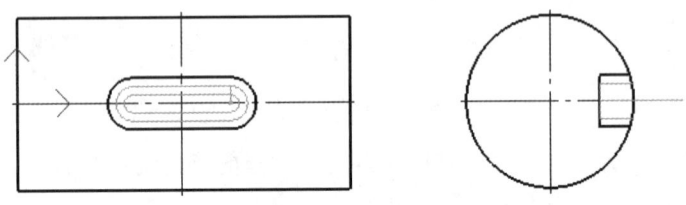

图 2.53　加工轨迹

2.12 开放式键槽加工

2.12.1 参数设置

在"数控车"子菜单区中选取"开放式键槽加工"功能项，或者在工具条中点击 ⊥ 图标，出现"开放式键槽参数表"对话框，如图 2.54 所示。

开放式键槽参数表主要用于对开放式键槽加工中的各种工艺条件和加工方式进行设定。

2 车削加工方法介绍

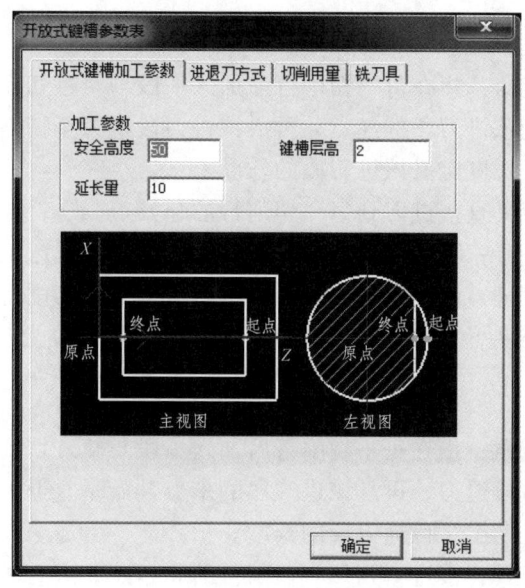

图 2.54 开放式键槽参数

2.12.1.1 加工参数

(1) 安全高度：刀具在此高度以上任何位置，均不会碰伤工件和夹具。
(2) 键槽层高：所铣键槽的每层切深高度。
(3) 延长量：沿轨迹线的切线方向延长的距离。

2.12.1.2 进退刀方式

点击"开放式键槽参数表"对话框中的"进退刀方式"标签可进入进退刀方式参数表，如图 2.55 所示。

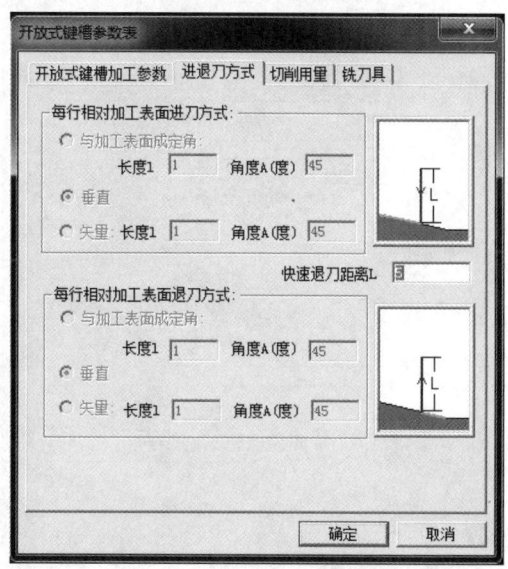

图 2.55 进退刀方式

1. 进刀方式

（1）与加工表面成定角：指在每一切削行前加入一段与轨迹切削方向夹角成一定角度的进刀段，刀具垂直进刀到该进刀段的起点，再沿该进刀段进刀至切削行。角度定义该进刀段与轨迹切削方向的夹角，长度定义该进刀段的长度。

（2）垂直进刀：指刀具直接进刀到每一切削行的起始点。

（3）矢量进刀：指在每一切削行前加入一段与系统 X 轴（机床 Z 轴）正方向成一定夹角的进刀段，刀具进刀到该进刀段的起点，再沿该进刀段进刀至切削行。角度定义矢量（进刀段）与系统 X 轴正方向的夹角，长度定义矢量（进刀段）的长度。

2. 退刀方式

（1）与加工表面成定角：指在每一切削行后加入一段与轨迹切削方向夹角成一定角度的退刀段，刀具先沿该退刀段退刀，再从该退刀段的末点开始垂直退刀。角度定义该退刀段与轨迹切削方向的夹角，长度定义该退刀段的长度。

（2）垂直退刀：指刀具直接进刀到每一切削行的起始点。

（3）矢量退刀：指在每一切削行后加入一段与系统 X 轴（机床 Z 轴）正方向成一定夹角的退刀段，刀具先沿该退刀段退刀，再从该退刀段的末点开始垂直退刀。角度定义矢量（退刀段）与系统 X 轴正方向的夹角，长度定义矢量（退刀段）的长度。

（4）快速退刀距离：以给定的退刀速度回退的距离（相对值），在此距离上以机床允许的最大进给速度 G0 退刀。

2.12.1.3 切削用量

点击"开放式键槽参数表"对话框中的"切削用量"标签可进入切削用量参数表，如图 2.56 所示。

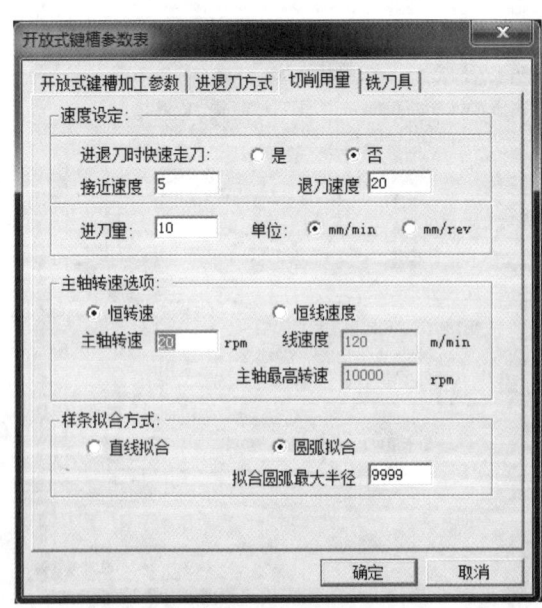

图 2.56 切削用量

1. 速度设定

（1）接近速度：刀具接近工件时的进给速度。

（2）主轴转速：机床主轴旋转的速度。计量单位是机床缺省的单位。

（3）退刀速度：刀具离开工件的速度。

2. 主轴转速选项

（1）恒转速：切削过程中按指定的主轴转速保持主轴转速恒定，直到下一指令改变该转速。

（2）恒线速度：切削过程中按指定的线速度值保持线速度恒定。

3. 样条拟合方式

（1）直线拟合：对加工轮廓中的样条线根据给定的加工精度用直线段进行拟合。

（2）圆弧拟合：对加工轮廓中的样条线根据给定的加工精度用圆弧段进行拟合。

2.12.1.4 铣刀具

点击"开放式键槽参数表"对话框中的"铣刀具"标签可进入铣刀具参数表，如图 2.57 所示。

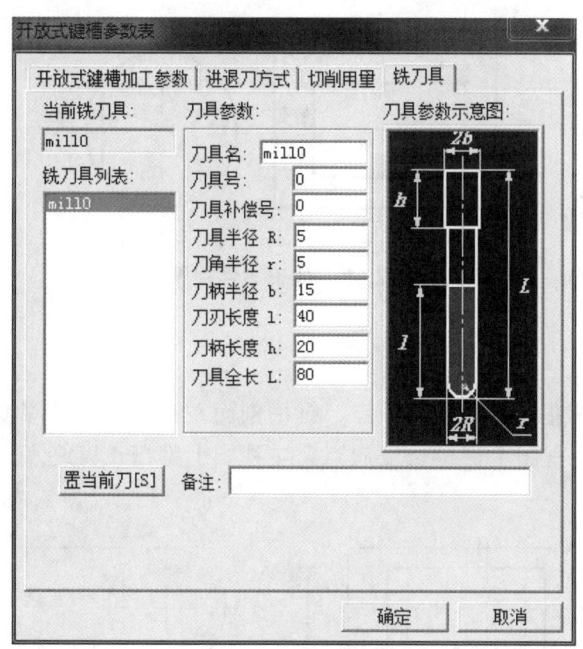

图 2.57　铣刀具

（1）当前铣刀：显示当前使用的刀具的刀具名。当前刀具就是在加工中要使用的刀具，在加工轨迹的生成中要使用当前刀具的刀具参数。

（2）铣刀列表：显示刀具库中所有同类型刀具的名称，可通过鼠标或键盘的上下键选择不同的刀具名，刀具参数表中将显示所选刀具的参数。用鼠标双击所选的刀具还能将其置为当前刀具。

(3) 刀具名：刀具的名称。
(4) 刀具号：刀具在加工中心里的位置编号，便于加工过程中换刀。
(5) 刀具补偿号：刀具半径补偿值对应的编号。
(6) 刀具半径：刀刃部分最大截面圆的半径大小。
(7) 刀角半径：刀刃部分球形轮廓区域半径的大小，只对铣刀有效。
(8) 刀柄半径：刀柄部分截面圆半径的大小。
(9) 刀刃长度：刀刃部分的长度。
(10) 刀柄长度：刀柄部分的长度。
(11) 刀具全长：刀杆与刀柄长度的总和。

2.12.2 开放式键槽加工

2.12.2.1 加工步骤

(1) 开放式键槽加工参数设定。
(2) 确定开放式键槽加工刀具。
(3) 先在软件绘图区画出加工零件的主视图及左视图，如图 2.58 所示。

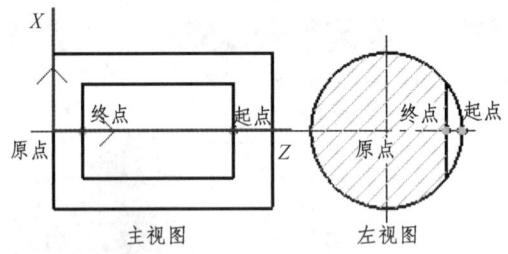

图 2.58 加工零件视图

2.12.2.2 生成加工轨迹

分别拾取键槽剖面左视图的坐标原点、键槽剖面左视图上键槽深度起点、键槽剖面左视图上键槽深度终点、主视图上键槽长度起点、主视图上键槽长度终点，生成刀具轨迹，如图 2.59 所示。

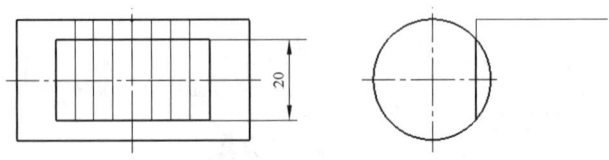

图 2.59 加工轨迹

3 典型产品的车削加工

3.1 零件1的车削加工

3.1.1 零件1图纸

零件1尺寸如图3.1所示。

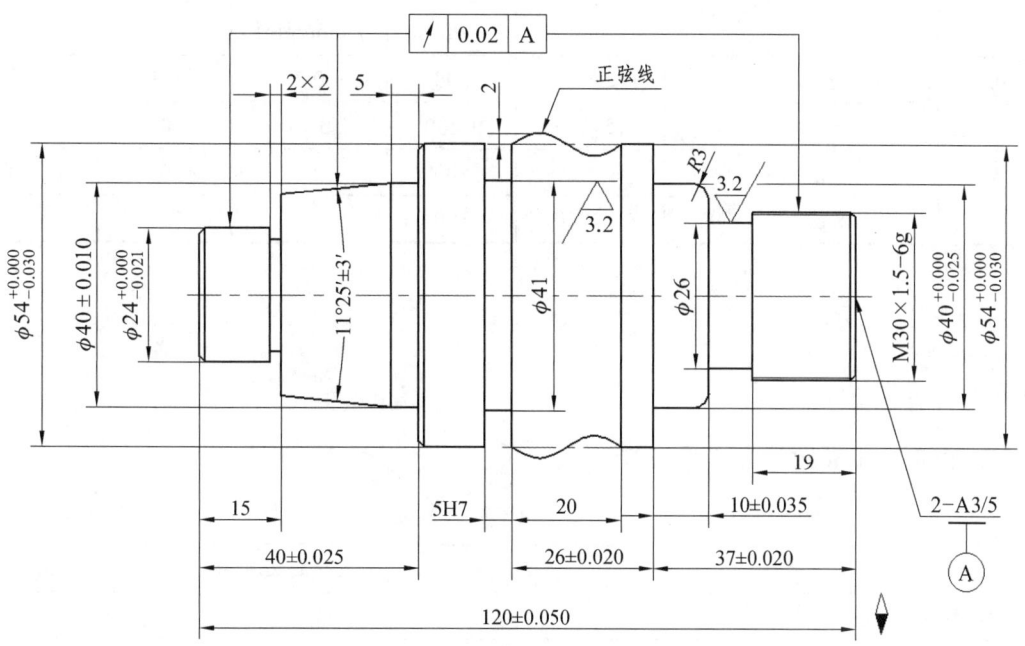

图 3.1 零件1尺寸

3.1.2 零件1车削工艺

零件1需要分2次装夹，第一次装夹加工左边，第二次掉头装夹。

1. 第一次装夹（见表3.1）

表 3.1 第一次装夹工艺

工序号	程序编号	夹具名称	使用设备	车 间
		三爪卡盘	CJK6024数控车床	数控中心

续表

工步	工步内容	刀具号	刀具规格/mm	主轴转速/(r/min)	进给速度/(mm/r)	余量/mm	备注
1	粗车外表面	T02	25×25	800	0.2	0.3	自动
2	精车外表面	T02	25×25	1 200	0.15	0	自动
3	切退刀槽	T05	20×20	800	0.2	0	手/自动

2. 第二次装夹（见表 3.2）

表 3.2 第二次装夹工艺

工序号	程序编号	夹具名称	使用设备	车间
		三爪卡盘	CJK6024 数控车床	数控中心

工步	工步内容	刀具号	刀具规格/mm	主轴转速/(r/min)	进给速度/(mm/min)	背吃刀/mm	备注
1	粗车外表面	T02	25×25	800	0.2	0.3	自动
2	精车外表面	T02	25×25	1 200	0.15	0	自动
3	切退刀槽	T05	20×20	800	0.2	0	手/自动
4	加工螺纹	T04	20×20	300	0.2	0	自动

3.1.3 零件 1 加工

3.1.3.1 零件左部加工

1. 粗车加工参数汇总（见表 3.3）

表 3.3 粗车加工参数

刀具参数		快速退刀距离	L = 5 mm
刀具名	93°右手外圆偏刀	切削用量	
刀具号	T02	进退刀快速走刀	否
刀具补偿号	02	速度设定	接近速度/(mm/min)	5
刀柄长度/mm	120		退刀速度/(mm/min)	5
刀柄宽度/mm	25		进给量/(mm/r)	0.2
刀角长度/mm	10	主轴转速选项	恒转速/(r/min)	800
刀尖半径/mm	1		恒线速度/(m/min)	
刀具前角/(°)	87		主轴最高转速/(r/min)	2 000

续表

刀具后角/(°)	52	样条拟合方式	直线拟合	
轮廓车刀类型	外轮廓车刀		圆弧拟合	
对刀点方式	刀尖圆心		拟合最大半径/mm	999
刀具类型	普通车刀	加工参数		
刀具偏置方向	左偏	加工表面方式	外轮廓	
进退刀方式		加工方式	行切方式	
每行相对毛坯进刀方式	与加工表面成定角	L = 2 mm,A = 45°	加工精度/mm	0.1
	垂直	否	加工余量/mm	0.3
	矢量	否	加工角度/(°)	180
每行相对加工表面进刀方式	与加工表面成定角		切削行距/mm	3.5
	垂直	是	干涉前角/(°)	0
	矢量		干涉后角/(°)	50
每行相对毛坯退刀方式	与加工表面成定角	L = 2 mm,A = 45°	拐角过度方式	圆弧
	垂直	否	反向走刀	否
	矢量	否	详细干涉检查	是
每行相对加工表面退刀方式	与加工表面成定角		退刀沿轮廓走刀	否
	垂直	是	刀尖半径补偿	编程考虑半径补偿
	矢量			

进退刀点:X = 5 mm,Y = 35 mm。

2. 粗车外表面

(1)通过 CAXA 数控车 2013 软件,绘制左边零件及毛坯外形图形,如图 3.2 所示。

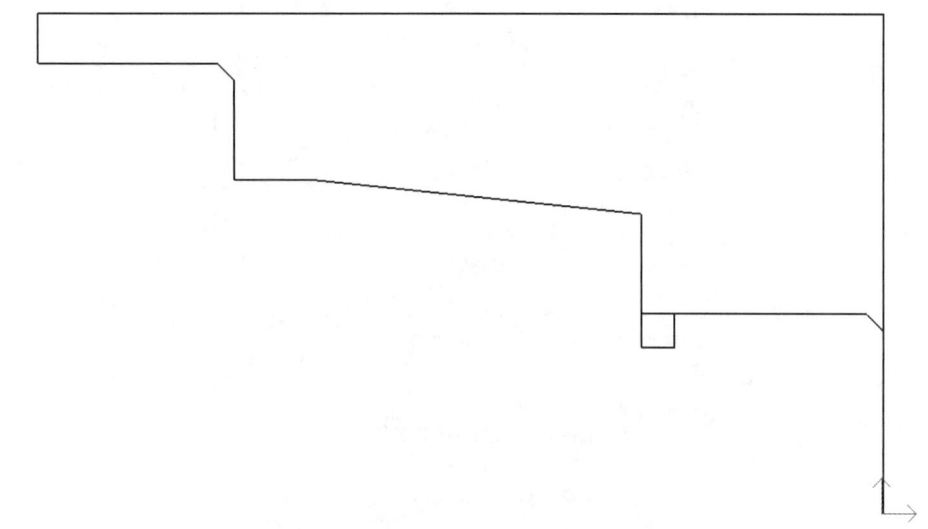

图 3.2 毛坯外形

（2）添加粗加工所用刀具。点击主菜单"数控车"子菜单区中的"刀具库管理"命令。通过弹出如图3.3所示的对话框添加刀具。

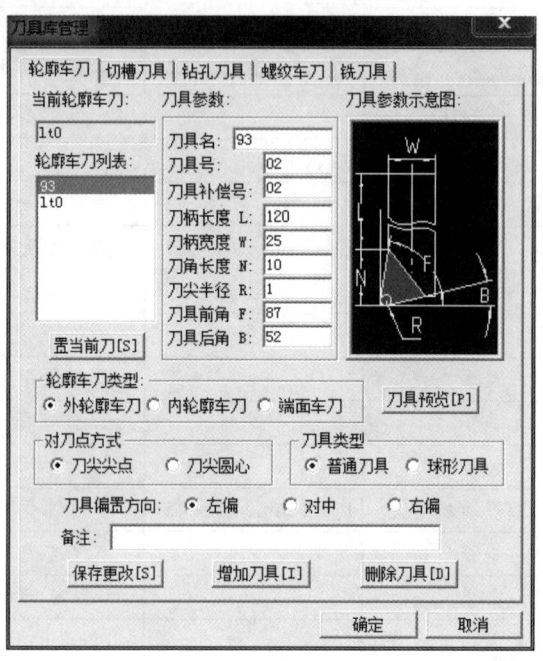

图 3.3　轮廓车刀

（3）粗车零件外轮廓。点击主菜单"数控车"子菜单区中的"轮廓粗车"命令。参考粗车加工参数汇总表，分别设置"加工参数""进退刀方式""切削用量"和"轮廓车刀"参数，如图3.4所示。

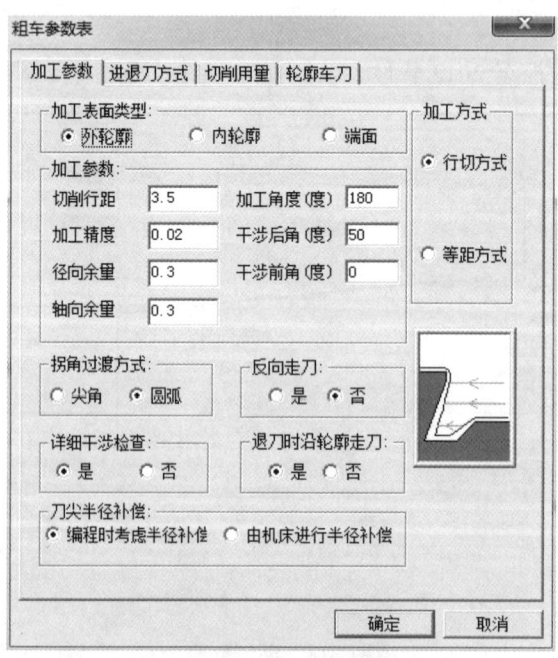

图 3.4　粗车参数表

(4)生成刀具轨迹。分别拾取被加工表面和毛坯面(注意被加工表面和毛坯面必须是封闭曲线),切入点坐标为 X = 5 mm,Y = 35 mm,生成刀具轨迹,如图 3.5 所示。

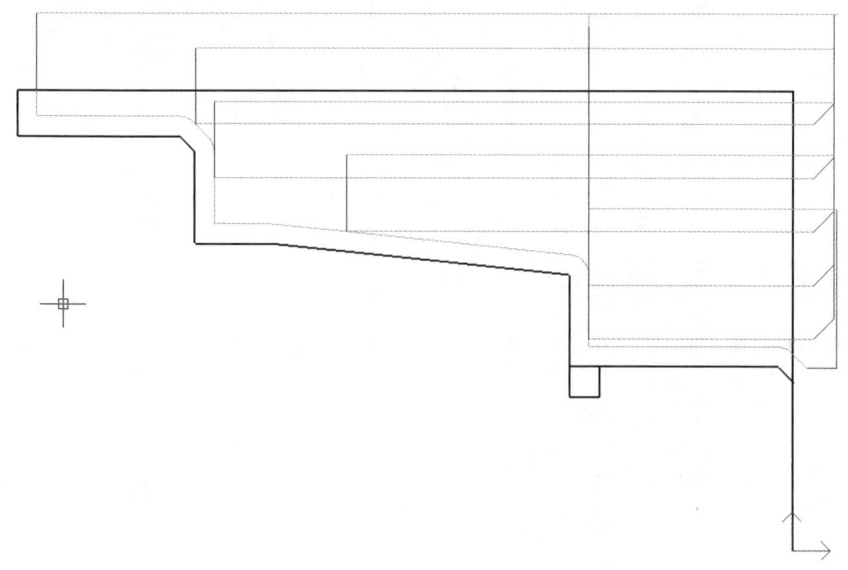

图 3.5　刀具轨迹

(5)轨迹仿真。点击主菜单"数控车"子菜单区中的"轨迹仿真"命令。可以选取"动态""静态"或者"二维"方式进行仿真,如图 3.6 所示。

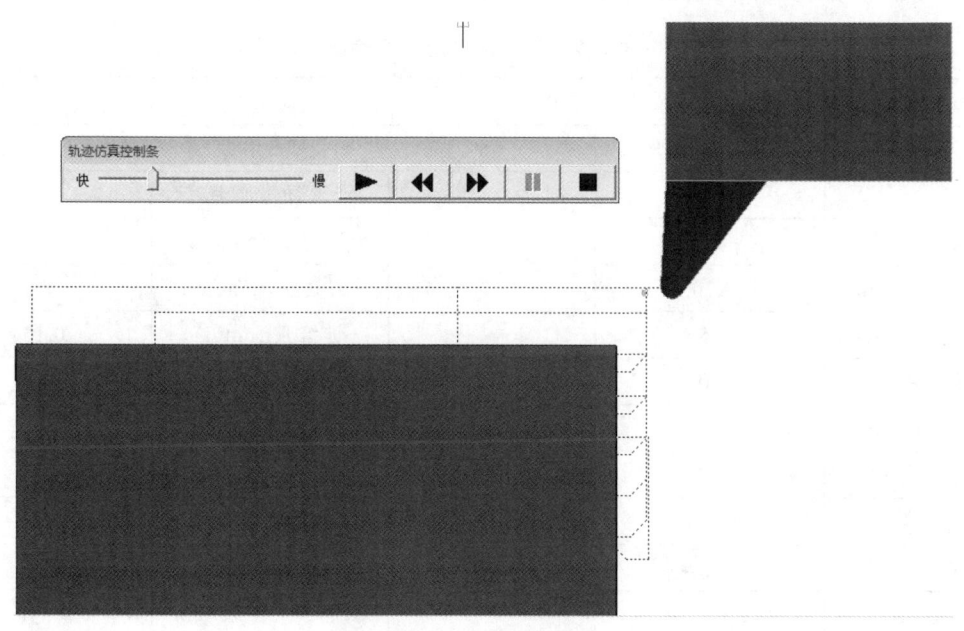

图 3.6　轨迹仿真

(6)生成轨迹的 G 代码。点击主菜单"数控车"子菜单区中的"代码生成"命令。设置保存文件路径和机床系统后,拾取刀具轨迹,生成 G 代码,如图 3.7 所示。

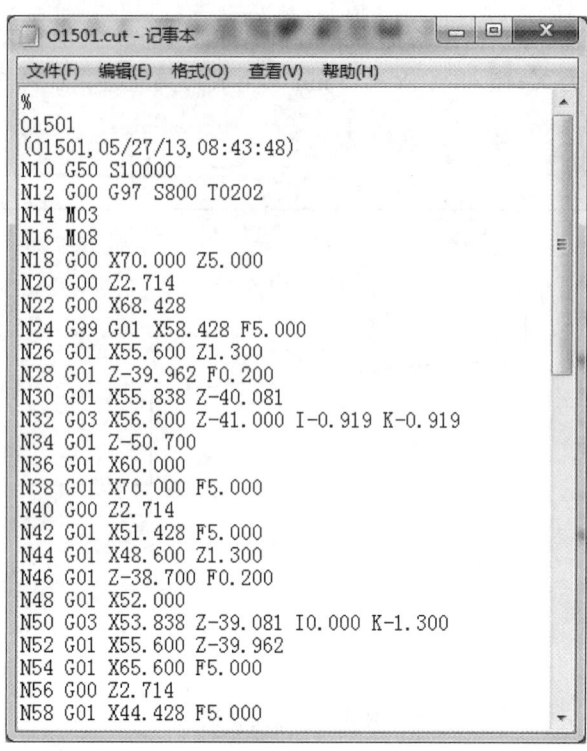

图 3.7 加工指令

3. 零件左部精加工参数汇总（见表 3.4）

表 3.4 零件左部精加工参数

刀具参数		快速退刀距离	L = 5 mm
刀具名	93°右手外圆偏刀	切削用量	
刀具号	T02	进退刀快速走刀	否
刀具补偿号	02	接近速度/(mm/min)	5
刀柄长度/mm	120	退刀速度/(mm/min)	5
刀柄宽度/mm	25	进给量/(mm/r)	0.15
刀角长度/mm	10	恒转速/(r/min)	1 200
刀尖半径/mm	1	恒线速度/(m/min)	
刀具前角/(°)	87	主轴最高转速(r/min)	2 000
刀具后角/(°)	52	直线拟合	
轮廓车刀类型	外轮廓车刀	圆弧拟合	
对刀点方式	刀尖圆心	拟合最大半径/mm	9 999
刀具类型	普通车刀	加工参数	
刀具偏置方向	左偏	加工表面方式	外轮廓
进退刀方式		加工方式	行切方式

（速度设定列：接近速度、退刀速度；主轴转速选项列：恒转速、恒线速度、主轴最高转速；样条拟合方式列：直线拟合、圆弧拟合、拟合最大半径）

续表

每行相对毛坯进刀方式			加工精度/mm	0.01
			加工余量/mm	0
			加工角度/(°)	180
每行相对加工表面进刀方式	与加工表面成定角	L = 2 mm，A = 45°	切削行距/mm	1
	垂直	否	干涉前角/(°)	0
	矢量	否	干涉后角/(°)	50
每行相对毛坯退刀方式			拐角过度方式	圆弧
			反向走刀	否
			详细干涉检查	是
每行相对加工表面退刀方式	与加工表面成定角	否	退刀沿轮廓走刀	否
	垂直	是	刀尖半径补偿	编程考虑半径补偿
	矢量	否		

进退刀点：X = 5 mm，Y = 35 mm。

4．轮廓精车外表面

（1）精车零件外轮廓。点击主菜单"数控车"子菜单区中的"轮廓精车"命令。参考精车加工参数汇总表，分别设置"加工参数""进退刀方式""切削用量"和"轮廓车刀"参数，如图 3.8 所示。

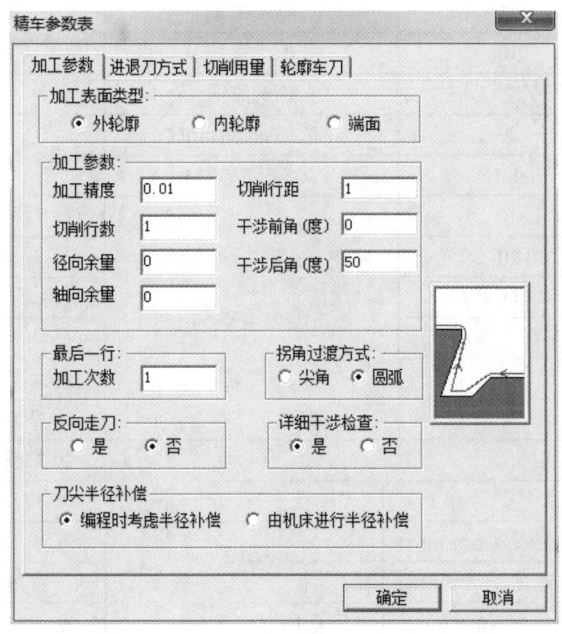

图 3.8　精车参数表

（2）生成刀具轨迹。拾取被加工表面，切入点坐标为 X = 5 mm，Y = 35 mm，生成刀具轨迹，如图 3.9 所示。

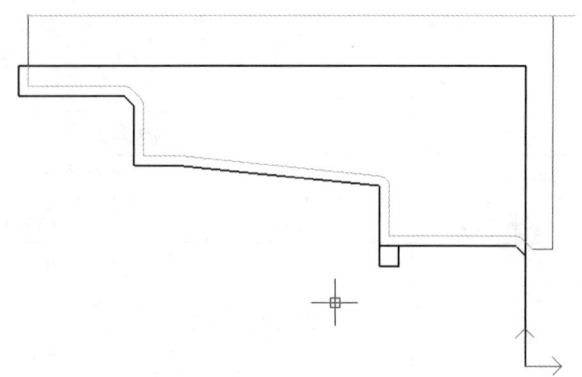

图 3.9 刀具轨迹

（3）轨迹仿真。点击主菜单"数控车"子菜单区中的"轨迹仿真"命令。可以选取"动态""静态"或者"二维"方式进行仿真。

（4）生成轨迹的 G 代码。点击主菜单"数控车"子菜单区中的"代码生成"命令。设置保存文件路径和机床系统后，拾取刀具轨迹，生成 G 代码。

5. 切槽加工参数汇总（见表 3.5）

表 3.5 切槽加工参数

刀具参数		槽加工参数		
刀具名称	切断刀	切槽表面类型	外轮廓	
刀具号	T05	加工工艺类型	粗加工+精加工	
刀具补偿号	05	加工方向	纵深	
刀具长度/mm	30	拐角过度方式	圆角过度	
刀具宽度/mm	2	切入方式	刀具只向下切	
刀具刃宽/mm	2	毛坯余量/mm	0	
刀尖半径/mm	0.2	选择角度/(°)	0	
刀具引角/(°)	6	粗加工参数	加工精度/mm	0.1
刀柄宽度/mm	20		加工余量/mm	0.3
刀具位置/mm	18		延迟时间/s	0.5
编程刀位点	前刀尖圆心		平移步距/mm	1.8
			切深步距/mm	2
			退刀距离/mm	5
切削用量			加工精度/mm	0.01
速度设定	进退刀是否快速	是	加工余量/mm	0
	接近速度/(mm/min)		精加工参数	末行加工次数	1
	退刀速度/(mm/min)		切削行数	1
	进给量/(mm/r)	0.15	退刀距离/mm	5
主轴转速选项	恒转速/(r/min)	800	切削行距/mm	0.5
	恒线速度/(m/min)		刀尖编程补偿	编程考虑刀尖补偿	
	最高转速/(r/min)	2 000		

进退刀点：X = – 13 mm，Y = 23 mm。

6. 切槽粗精加工

（1）添加切槽加工所用刀具。点击主菜单"数控车"子菜单区中的"刀具库管理"命令。通过弹出如图 3.10 所示的对话框添加切槽刀具。

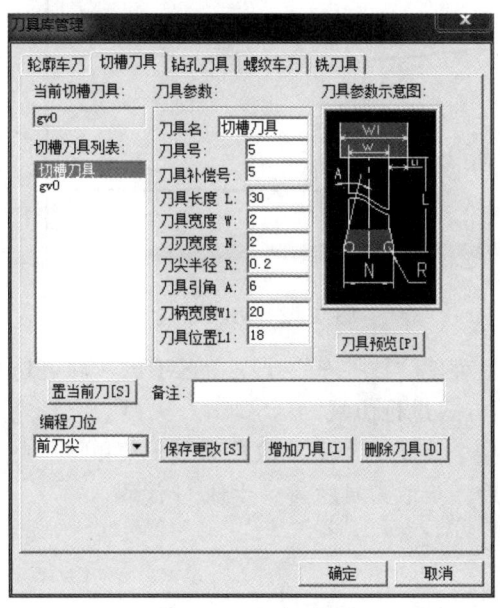

图 3.10　切槽刀具

（2）零件切槽加工。点击主菜单"数控车"子菜单区中的"切槽"命令。参考切槽加工参数汇总表，分别设置"切槽加工参数""切削用量"和"切槽刀具"参数，如图 3.11 所示。

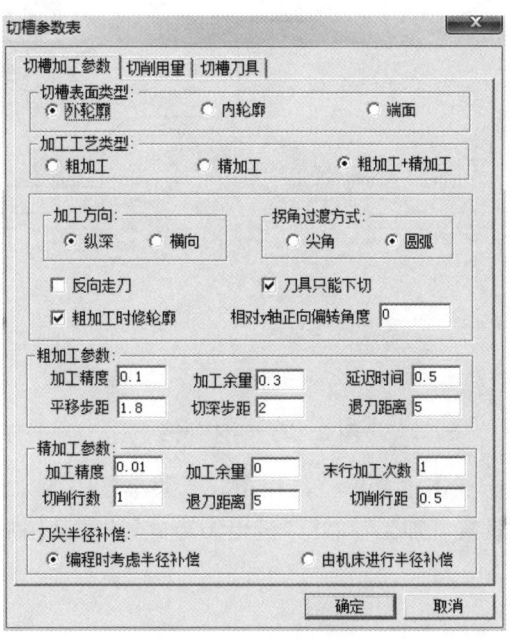

图 3.11　切槽参数表

（3）生成刀具轨迹。拾取被加工表面，切入点 X = −13 mm，Y = 23 mm，生成轨迹，如图 3.12 所示。

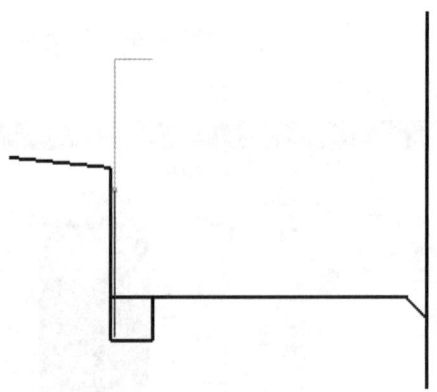

图 3.12　刀具轨迹

（4）轨迹仿真。点击主菜单"数控车"子菜单区中的"轨迹仿真"命令。可以选取"动态""静态"或者"二维"方式进行仿真。

（5）生成轨迹的 G 代码。点击主菜单"数控车"子菜单区中的"代码生成"命令。设置保存文件路径和机床系统后，拾取刀具轨迹，生成 G 代码。

3.1.3.2　零件右部加工

1. 粗车外表面

（1）通过 CAXA 数控车 2013 软件，绘制右边零件轮廓和毛坯图形，如图 3.13 所示。

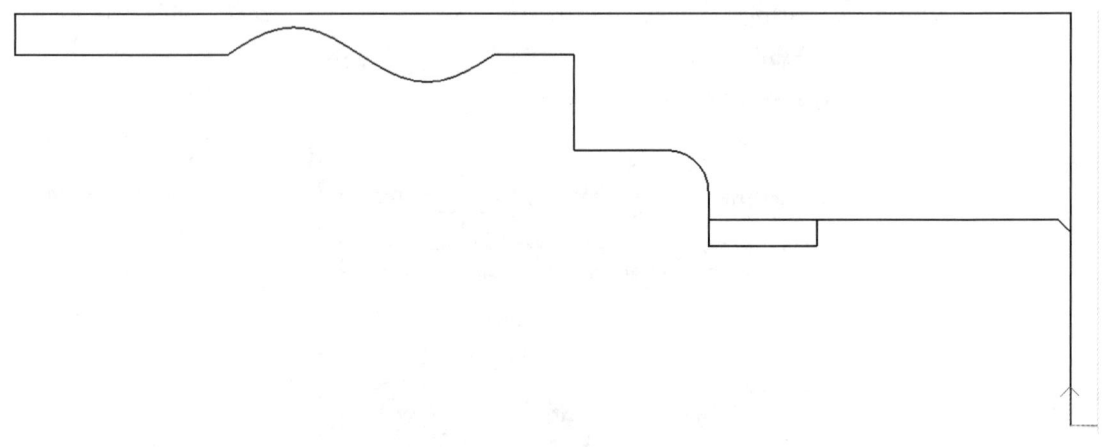

图 3.13　毛坯外形

（2）粗车零件外轮廓。点击主菜单"数控车"子菜单区中的"轮廓粗车"命令。参考粗车加工参数汇总表，分别设置"加工参数""进退刀方式""切削用量"和"轮廓车刀"参数，如图 3.14 所示。

3 典型产品的车削加工

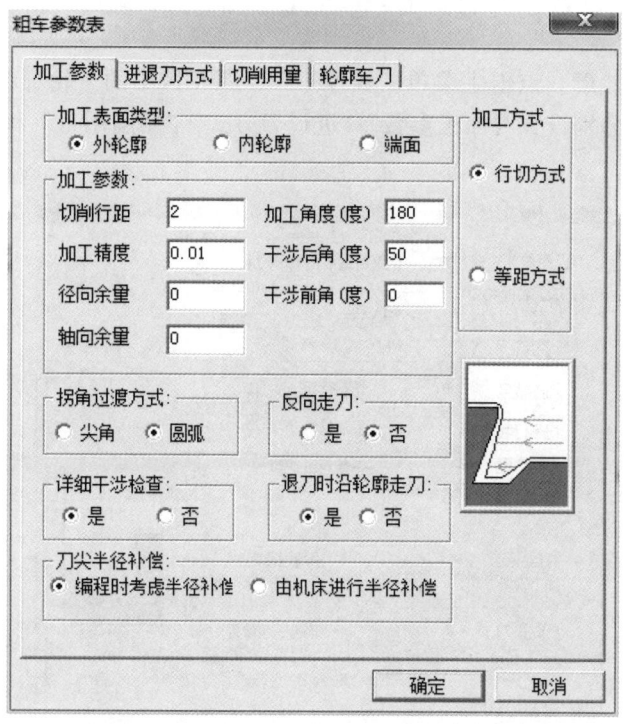

图 3.14 粗车参数表

（3）生成刀具轨迹。分别拾取被加工表面和毛坯面（注意被加工表面和毛坯面必须是封闭曲线），切入点坐标为 Z = 5 mm，Y = 35 mm，生成刀具轨迹，如图 3.15 所示。

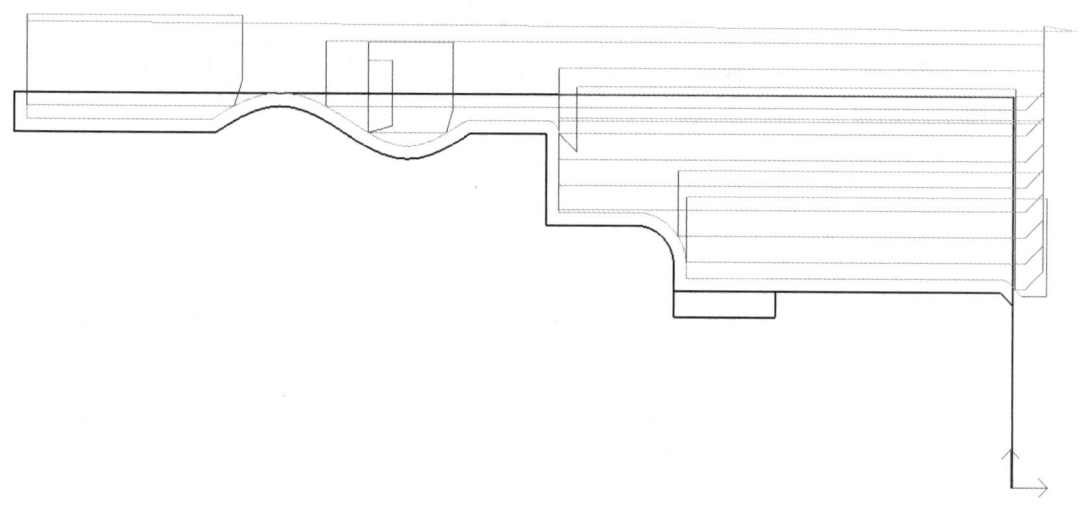

图 3.15 刀具轨迹

（4）轨迹仿真。点击主菜单"数控车"子菜单区中的"轨迹仿真"命令。可以选取"动态""静态"或者"二维"方式进行仿真。

（5）生成轨迹的 G 代码。点击主菜单"数控车"子菜单区中的"代码生成"命令。设置保存文件路径和机床系统后，拾取刀具轨迹，生成 G 代码。

2. 精车外表面

（1）精车零件外轮廓。点击主菜单"数控车"子菜单区中的"轮廓精车"命令。参考精车加工参数汇总表，分别设置"加工参数""进退刀方式""切削用量"和"轮廓车刀"参数，如图 3.16 所示。

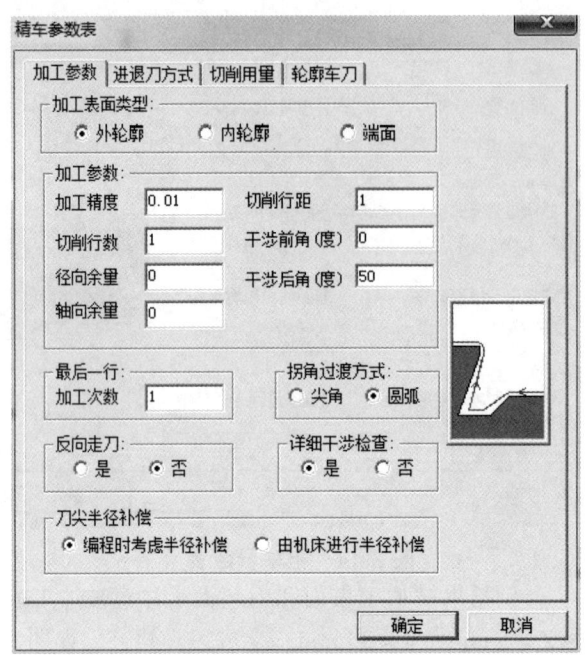

图 3.16　精车参数表

（2）生成刀具轨迹。拾取被加工表面，切入点坐标为 Z = 5 mm，Y = 35 mm，生成刀具轨迹，如图 3.17 所示。

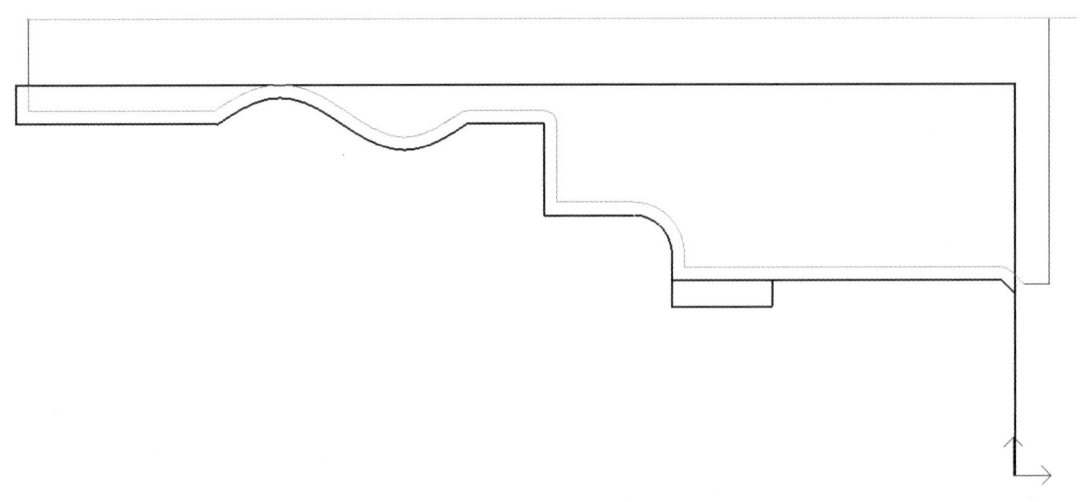

图 3.17　刀具轨迹

（3）轨迹仿真。点击主菜单"数控车"子菜单区中的"轨迹仿真"命令。可以选取"动态""静态"或者"二维"方式进行仿真。

（4）生成轨迹的 G 代码。点击主菜单"数控车"子菜单区中的"代码生成"命令。设置保存文件路径和机床系统后，拾取刀具轨迹，生成 G 代码。

3. 切槽粗精加工

（1）零件切槽加工。点击主菜单"数控车"子菜单区中的"切槽"命令。参考切槽加工参数汇总表，分别设置"切槽加工参数""切削用量"和"切槽刀具"参数，如图 3.18 所示。

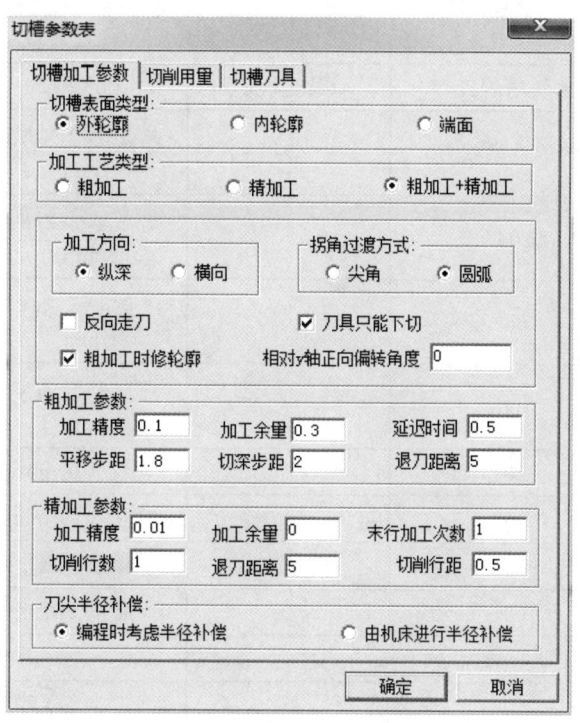

图 3.18　切槽参数表

（2）生成刀具轨迹。拾取被加工表面，切入点 X = −19 mm，Y = −38 mm，生成轨迹，如图 3.19 所示。

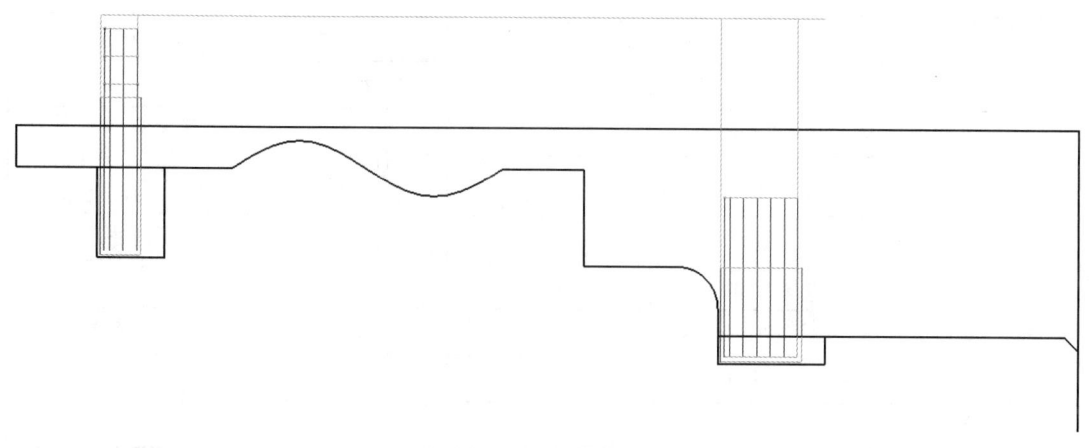

图 3.19　刀具轨迹

（3）轨迹仿真。点击主菜单"数控车"子菜单区中的"轨迹仿真"命令。可以选取"动态""静态"或者"二维"方式进行仿真。

（4）生成轨迹的 G 代码。点击主菜单"数控车"子菜单区中的"代码生成"命令。设置保存文件路径和机床系统后，拾取刀具轨迹，生成 G 代码。

4．螺纹加工参数汇总表（见表 3.6）

表 3.6　螺纹加工参数

刀具参数		螺纹参数	
刀具种类	米制螺纹刀	螺纹类型	外螺纹
刀具名称	60°普通螺纹刀	起点坐标 X(Y)/mm	15
刀具号	T04	起点坐标 Z(X)/mm	0
刀具补偿号	04	终点坐标 X(Y)/mm	15
刀柄长度/mm	100	终点坐标 Z(X)/mm	−19
刀柄宽度/mm	20	螺纹长度/mm	19
刀刃长度/mm	15	螺牙高度/mm	0.974
刀尖宽度/mm	0.5	螺纹头数	1
刀具角度/(°)	60	螺纹节距	恒定节距 1.5 mm
进退刀方式		螺纹加工参数	
粗加工进刀方式	垂直	加工工艺类型	粗加工+精加工
粗加工退刀方式	垂直　快退距离 10 mm	末行走刀次数	1
精加工进刀方式	垂直	螺纹总深/mm	0.974
精加工退刀方式	垂直　快退距离 10 mm	粗加工深度/mm	0.9
切削用量		精加工深度/mm	0.074
速度设定	进退刀是否快速　是	粗加工参数	
速度设定	接近速度/(mm/min)	每行切入用量	恒定切入面积 第一刀行距 0.4 mm，最小行距 0.2 mm
速度设定	退刀速度/(mm/min)	每行切入用量	恒定切入面积 第一刀行距 0.4 mm，最小行距 0.2 mm
速度设定	进刀量/(mm/r)　1.5	每行切入方式	沿牙槽中心线
主轴转速选项	恒转速/(r/min)　320	精加工参数	
主轴转速选项	恒线速度/(m/min)	每行切入用量	恒定行距 0.075 mm
主轴转速选项	主轴转速限制/(r/min)　2 000	每行切入方式	沿牙槽中心线
样条拟合方式	直线拟合		

切入切出点：X = 5 mm，Y = 30 mm。

5. 螺纹加工

（1）添加切槽加工所用刀具。点击主菜单"数控车"子菜单区中的"刀具库管理"命令。通过弹出如图 3.20 所示的对话框添加螺纹车刀。

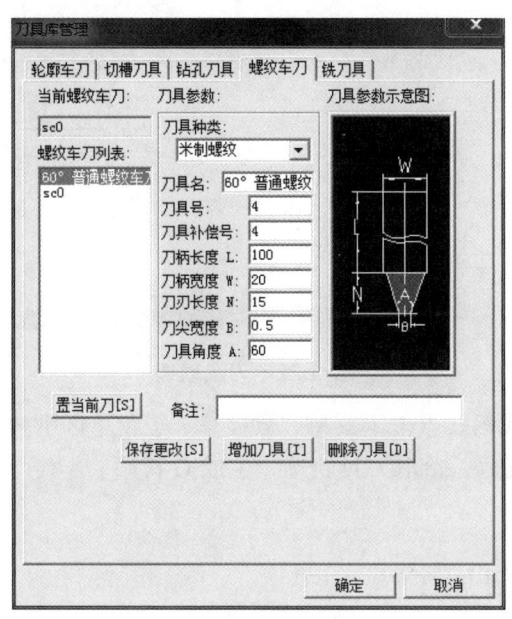

图 3.20　螺纹车刀

（2）零件螺纹加工。点击主菜单"数控车"子菜单区中的"车螺纹"命令。参考螺纹加工参数汇总表，分别设置"螺纹参数""螺纹加工参数""进退刀方式""切削用量"和"螺纹车刀"等参数，如图 3.21 所示。

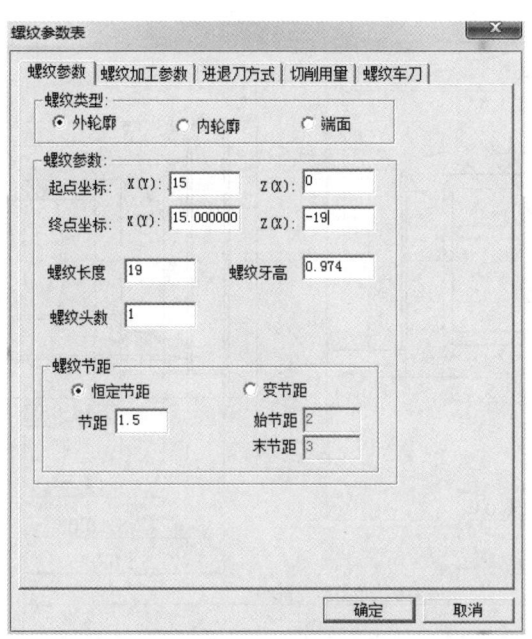

图 3.21　螺纹参数表

（3）生成刀具轨迹，如图 3.22 所示。

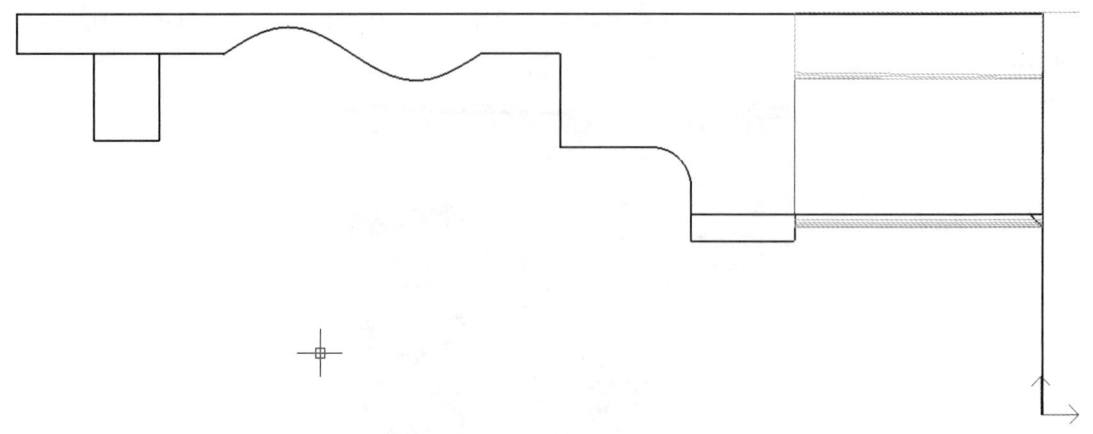

图 3.22　刀具轨迹

（4）生成轨迹的 G 代码。点击主菜单"数控车"子菜单区中的"代码生成"命令。设置保存文件路径和机床系统后，拾取刀具轨迹，生成 G 代码。

3.2　零件 2 的车削加工

3.2.1　零件 2 图纸

零件 2 尺寸如图 3.23 所示。

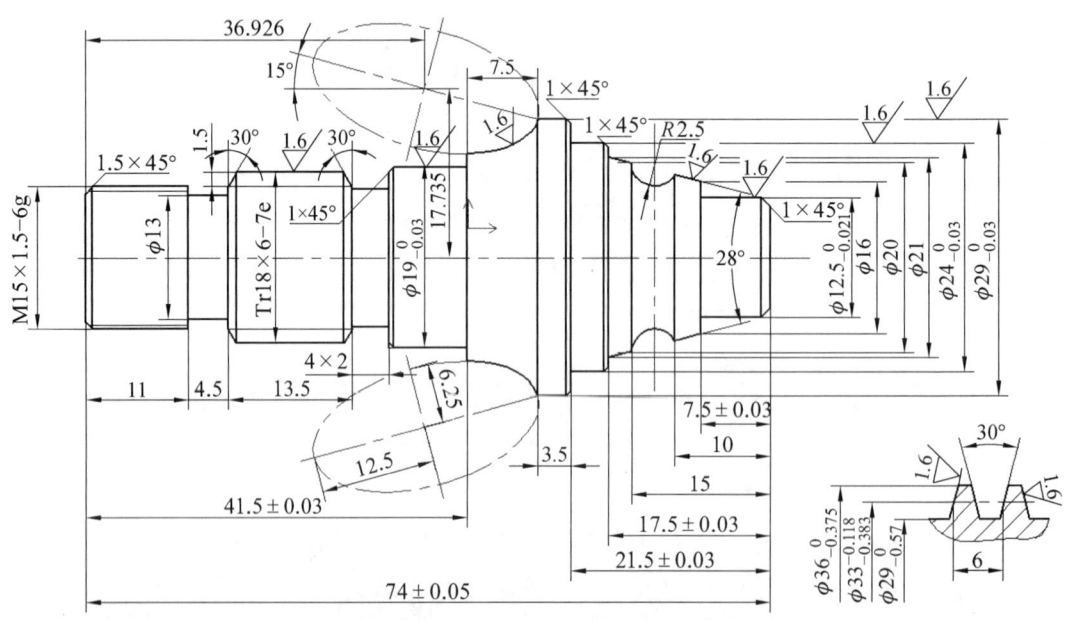

图 3.23　零件 2 尺寸

3.2.2 零件 2 车削工艺

零件 2 需要分 2 次装夹，第一次装夹加工左边，第二次掉头装夹。

1. 第一次装夹（见表 3.7）

表 3.7 第一次装夹工艺

工序号	程序编号	夹具名称		使用设备		车间	
		三爪卡盘		CJK6024 数控车床		数控中心	
工步	工步内容	刀具号	刀具规格 /mm	主轴转速 /(r/min)	进给速度 /(mm/r)	余量/mm	备注
1	粗车外表面	T02	25×25	800	0.2	0.3	自动
2	精车外表面	T02	25×25	1 200	0.15	0	自动

2. 第二次装夹（见表 3.8）

表 3.8 第二次装夹工艺

工序号	程序编号	夹具名称		使用设备		车间	
		三爪卡盘		CJK6024 数控车床		数控中心	
工步	工步内容	刀具号	刀具规格 /mm	主轴转速 /(r/min)	进给速度 /(mm/min)	背吃刀/mm	备注
1	粗车外表面	T02	25×25	800	0.2	0.3	自动
2	精车外表面	T02	25×25	1 200	0.15	0	自动
3	切退刀槽	T05	20×20	800	0.2	0	手/自动
4	加工螺纹	T04	20×20	300	0.2	0	自动

3.2.3 零件 2 加工

3.2.3.1 零件左部加工

1. 粗车加工参数汇总（见表 3.9）

表 3.9 粗车加工参数

刀具参数		快速退刀距离	L = 5 mm
刀具名	93° 右手外圆偏刀	切削用量	
刀具号	T02	进退刀快速走刀	否
刀具补偿号	02	接近速度/(mm/min)	5
刀柄长度/mm	120	退刀速度/(mm/min)	5
刀柄宽度/mm	25	进给量/(mm/r)	0.2

续表

刀角长度/mm	10	主轴转速选项	恒转速/(r/min)	800
刀尖半径/mm	1		恒线速度/(m/min)	
刀具前角/(°)	87		主轴最高转速/(r/min)	2 000
刀具后角/(°)	62	样条拟合方式	直线拟合	
轮廓车刀类型	外轮廓车刀		圆弧拟合	
对刀点方式	刀尖圆心		拟合最大半径/mm	9 999
刀具类型	普通车刀		加工参数	
刀具偏置方向	左偏		加工表面方式	外轮廓
进退刀方式		加工方式	行切方式	
每行相对毛坯进刀方式	与加工表面成定角	L = 2 mm, A = 45°	加工精度/mm	0.1
	垂直	否	加工余量/mm	0.3
	矢量	否	加工角度/(°)	180
每行相对加工表面进刀方式	与加工表面成定角		切削行距/mm	3.5
	垂直	是	干涉前角/(°)	0
	矢量		干涉后角/(°)	60
每行相对毛坯退刀方式	与加工表面成定角	L = 2 mm, A = 45°	拐角过度方式	圆弧
	垂直	否	反向走刀	否
	矢量	否	详细干涉检查	是
每行相对加工表面退刀方式	与加工表面成定角		退刀沿轮廓走刀	否
	垂直	是	刀尖半径补偿	编程考虑半径补偿
	矢量			

进退刀点：X = 5 mm, Y = 21 mm。

2. 粗车外表面

（1）通过 CAXA 数控车 2013 软件，绘制左边零件及毛坯外形图形，如图 3.24 所示。

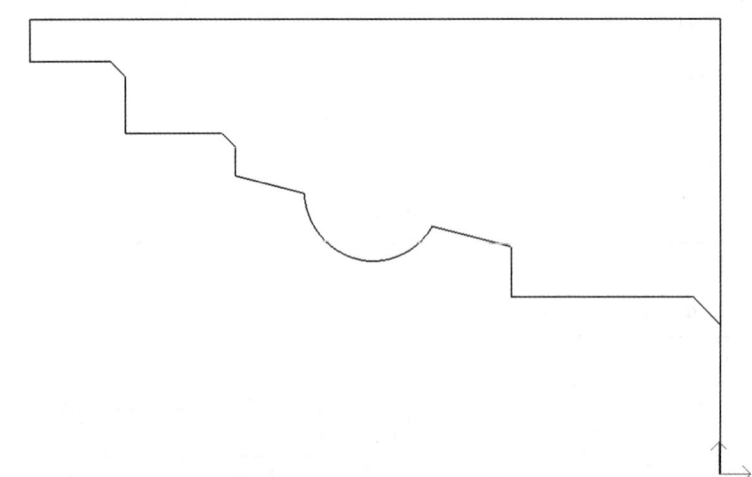

图 3.24 毛坯外形

（2）添加粗加工所用刀具。点击主菜单"数控车"子菜单区中的"刀具库管理"命令。通过弹出如图 3.25 所示的对话框添加刀具。

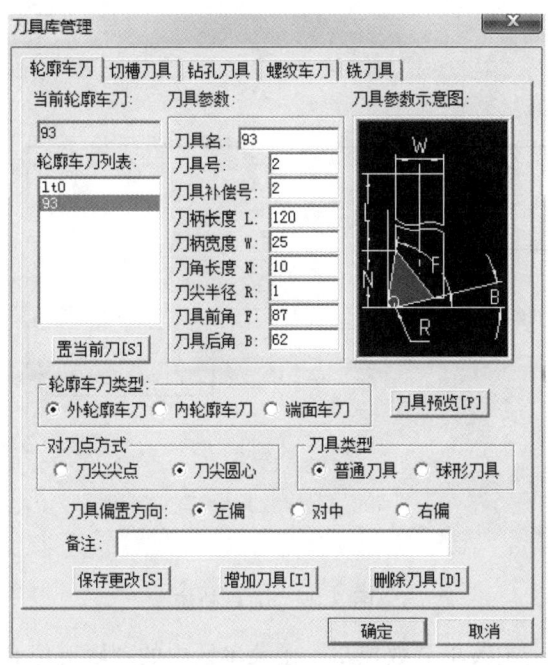

图 3.25　刀具库管理

（3）粗车零件外轮廓。点击主菜单"数控车"子菜单区中的"轮廓粗车"命令。参考粗车加工参数汇总表，分别设置"加工参数""进退刀方式""切削用量"和"轮廓车刀"参数，如图 3.26 所示。

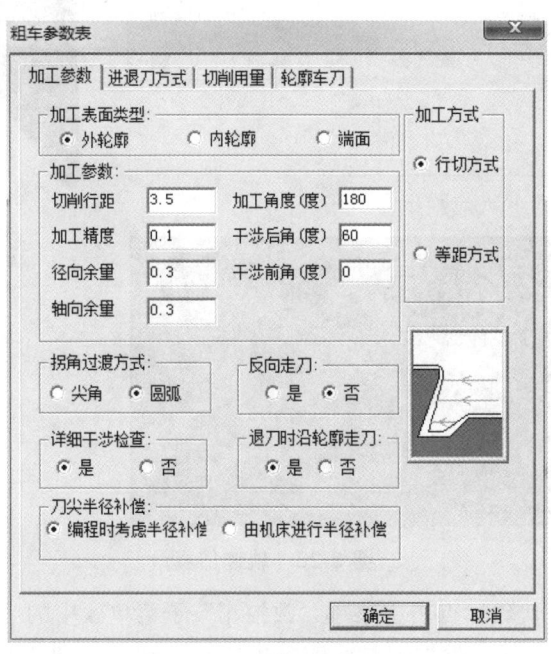

图 3.26　粗车参数表

（4）生成刀具轨迹。分别拾取被加工表面和毛坯面（注意被加工表面和毛坯面必须是封闭曲线），切入点坐标为 X = 5 mm、Y = 21 mm，生成刀具轨迹，如图 3.27 所示。

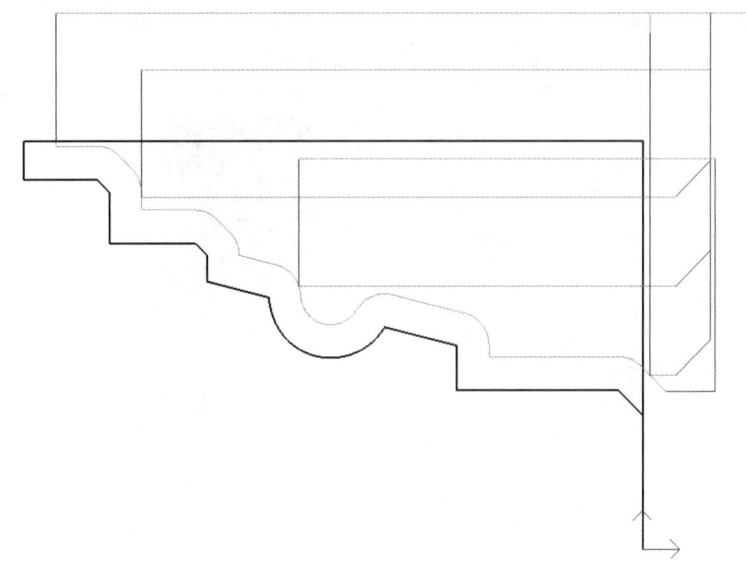

图 3.27　刀具轨迹

（5）轨迹仿真。点击主菜单"数控车"子菜单区中的"轨迹仿真"命令。可以选取"动态""静态"或者"二维"方式进行仿真，如图 3.28 所示。

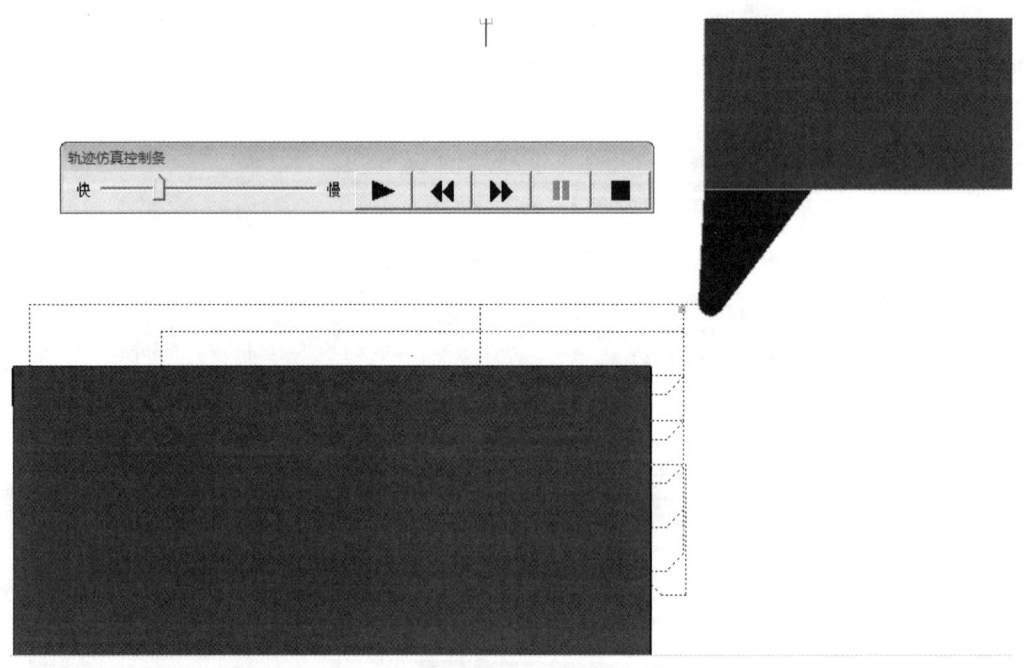

图 3.28　轨迹仿真

（6）生成轨迹的 G 代码。点击主菜单"数控车"子菜单区中的"代码生成"命令。设置保存文件路径和机床系统后，拾取刀具轨迹，生成 G 代码，如图 3.29 所示。

3 典型产品的车削加工

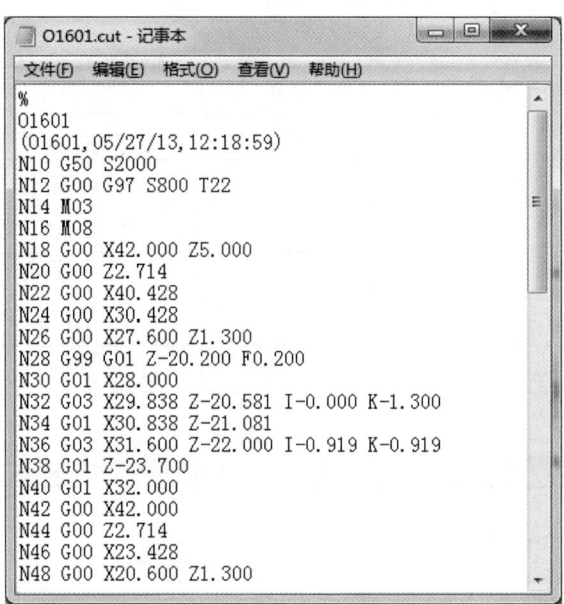

图 3.29　加工指令

3. 零件左部精加工参数汇总（见表 3.10）

表 3.10　零件左部精加工参数

刀具参数		快速退刀距离	L = 5 mm
刀具名	93°右手外圆偏刀	切削用量	
刀具号	T02	进退刀快速走刀	否
刀具补偿号	02	接近速度/(mm/min)	5
刀柄长度/mm	120	退刀速度/(mm/min)	5
刀柄宽度/mm	25	进给量/(mm/r)	0.15
刀角长度/mm	10	恒转速/(r/min)	1 200
刀尖半径/mm	1	恒线速度/(m/min)	
刀具前角/(°)	87	主轴最高转速/(r/min)	2 000
刀具后角/(°)	62	直线拟合	
轮廓车刀类型	外轮廓车刀	圆弧拟合	
对刀点方式	刀尖圆心	拟合最大半径/mm	9 999
刀具类型	普通车刀	加工参数	
刀具偏置方向	左偏	加工表面方式	外轮廓
进退刀方式		加工方式	行切方式
每行相对毛坯进刀方式		加工精度/mm	0.01
		加工余量/mm	0
		加工角度/(°)	180

续表

每行相对加工表面进刀方式	与加工表面成定角	L = 2 mm, A = 45°	切削行距/mm	1
	垂直	否	干涉前角/(°)	0
	矢量	否	干涉后角/(°)	60
每行相对毛坯退刀方式			拐角过度方式	圆弧
			反向走刀	否
			详细干涉检查	是
每行相对加工表面退刀方式	与加工表面成定角	否	退刀沿轮廓走刀	否
	垂直	是	刀尖半径补偿	编程考虑半径补偿
	矢量	否		

进退刀点：X = 5 mm，Y = 21 mm。

4．轮廓精车外表面

（1）精车零件外轮廓。点击主菜单"数控车"子菜单区中的"轮廓精车"命令。参考精车加工参数汇总表，分别设置"加工参数""进退刀方式""切削用量"和"轮廓车刀"参数，如图 3.30 所示。

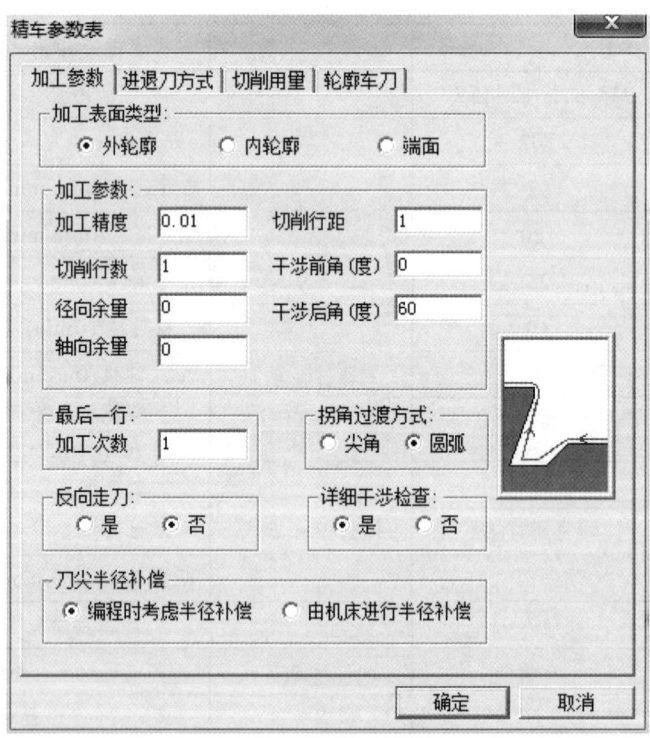

图 3.30　精车参数表

（2）生成刀具轨迹。拾取被加工表面，切入点坐标为 X = 5 mm，Y = 21 mm，生成刀具轨迹，如图 3.31 所示。

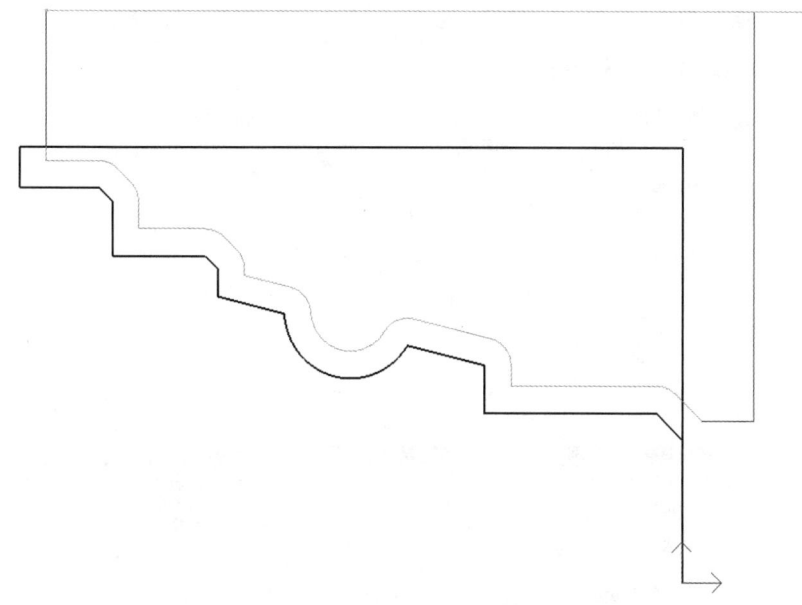

图 3.31　刀具轨迹

（3）轨迹仿真。点击主菜单"数控车"子菜单区中的"轨迹仿真"命令。可以选取"动态""静态"或者"二维"方式进行仿真。

（4）生成轨迹的 G 代码。点击主菜单"数控车"子菜单区中的"代码生成"命令。设置保存文件路径和机床系统后，拾取刀具轨迹，生成 G 代码。

3.2.3.2　零件右部加工

1. 粗车外表面

（1）通过 CAXA 数控车 2013 软件，绘制右边零件轮廓和毛坯图形，如图 3.32 所示。

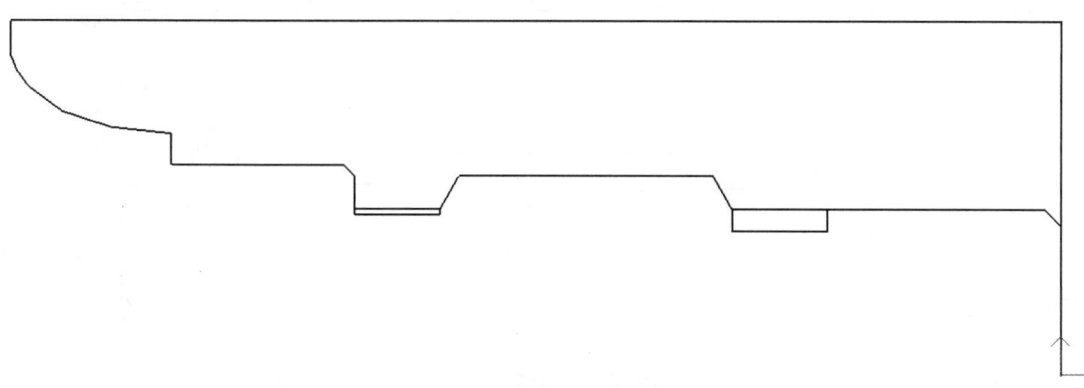

图 3.32　毛坯外形

（2）粗车零件外轮廓。点击主菜单"数控车"子菜单区中的"轮廓粗车"命令。参考粗车加工参数汇总表，分别设置"加工参数""进退刀方式""切削用量"和"轮廓车刀"参数，如图 3.33 所示。

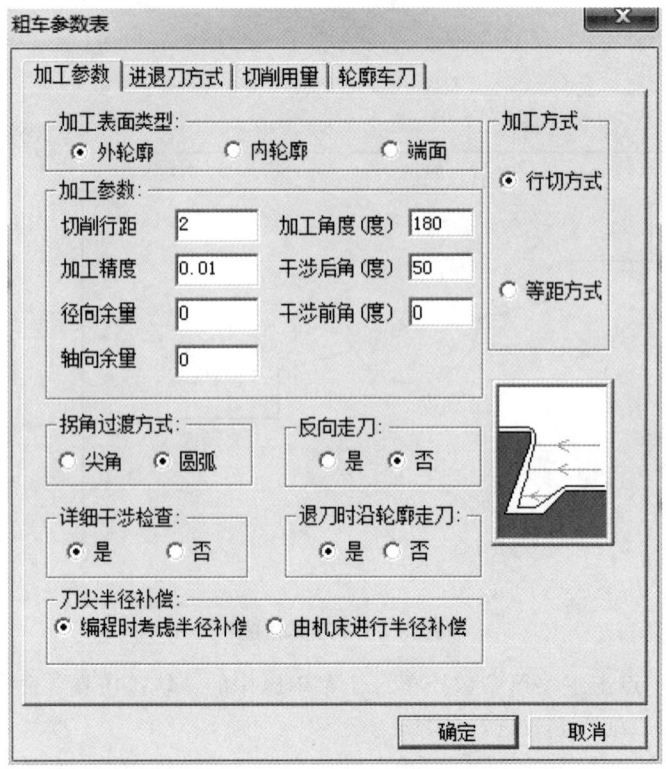

图 3.33 粗车参数

(3) 生成刀具轨迹。分别拾取被加工表面和毛坯面(注意被加工表面和毛坯面必须是封闭曲线),切入点坐标为 Z = 5 mm,Y = 21 mm,生成刀具轨迹,如图 3.34 所示。

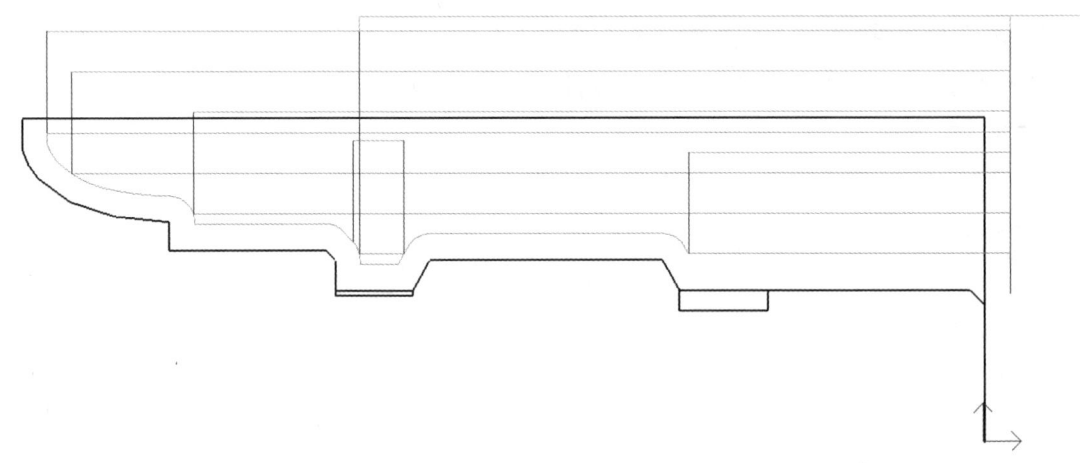

图 3.34 刀具轨迹

(4) 轨迹仿真。点击主菜单"数控车"子菜单区中的"轨迹仿真"命令。可以选取"动态""静态"或者"二维"方式进行仿真。

(5) 生成轨迹的 G 代码。点击主菜单"数控车"子菜单区中的"代码生成"命令。设置保存文件路径和机床系统后,拾取刀具轨迹,生成 G 代码。

2. 精车外表面

（1）精车零件外轮廓。点击主菜单"数控车"子菜单区中的"轮廓精车"命令。参考精车加工参数汇总表，分别设置"加工参数""进退刀方式""切削用量"和"轮廓车刀"参数，如图 3.35 所示。

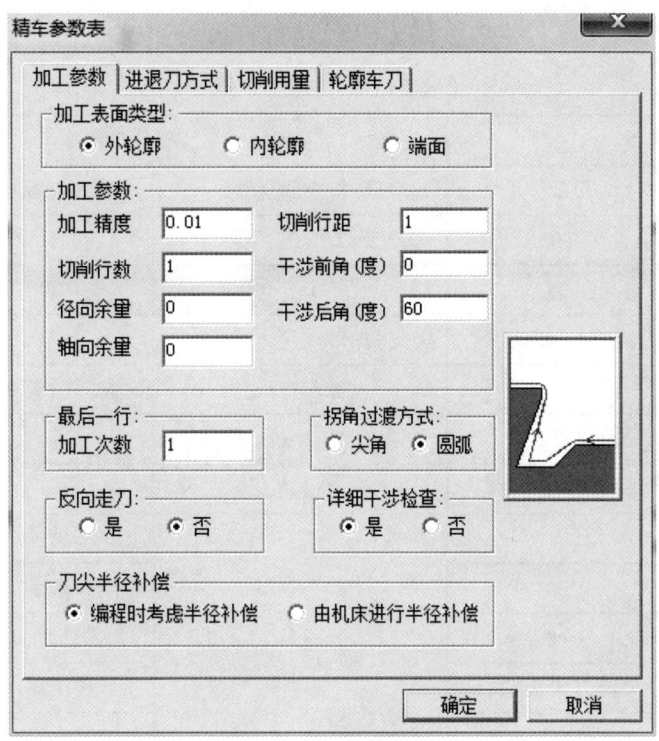

图 3.35 精车参数表

（2）生成刀具轨迹。拾取被加工表面，切入点坐标为 Z = 5 mm，Y = 21 mm，生成刀具轨迹，如图 3.36 所示。

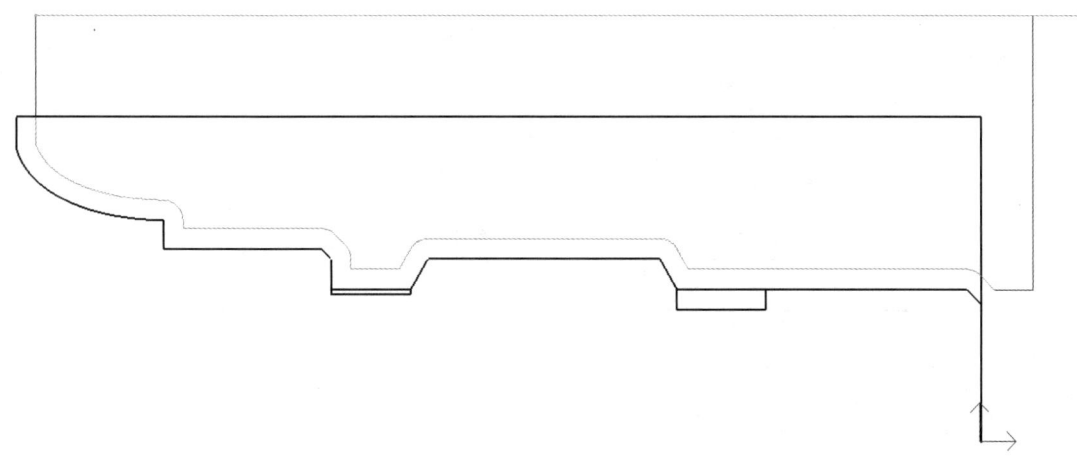

图 3.36 刀具轨迹

（3）轨迹仿真。点击主菜单"数控车"子菜单区中的"轨迹仿真"命令。可以选取"动态""静态"或者"二维"方式进行仿真。

（4）生成轨迹的 G 代码。点击主菜单"数控车"子菜单区中的"代码生成"命令。设置保存文件路径和机床系统后，拾取刀具轨迹，生成 G 代码。

3．切槽加工参数汇总（见表 3.11）

表 3.11　切槽加工参数

刀具参数		槽加工参数		
刀具名称	切断刀	切槽表面类型	外轮廓	
刀具号	T05	加工工艺类型	粗+精加工	
刀具补偿号	05	加工方向	纵深	
刀具长度/mm	30	拐角过渡方式	圆角过渡	
刀具宽度/mm	2	切入方式	刀具只向下切	
刀具刃宽/mm	2	毛坯余量/mm	0	
刀尖半径/mm	0.2	选择角度/(°)	0	
刀具引角/(°)	6	粗加工参数	加工精度/mm	0.1
刀柄宽度/mm	20		加工余量/mm	0.3
刀具位置/mm	18		延迟时间/s	0.5
编程刀位点	前刀尖圆心		平移步距/mm	1.5
			切深步距/mm	2
			退刀距离/mm	5
切削用量		精加工参数	加工精度/mm	0.01
速度设定	进退刀是否快速	是	加工余量/mm	0
	接近速度/(mm/min)		末行加工次数	1
	退刀速度/(mm/min)		切削行数	1
	进给量/(mm/r)	0.15	退刀距离/mm	5
主轴转速选项	恒转速/(r/min)	800	切削行距/mm	0.5
	恒线速度/(mm/min)		刀尖编程补偿	编程考虑刀尖补偿
	最高转速/(r/min)	2 000		

进退刀点：X = -11 mm，Y = 18 mm。

4．切槽粗精加工

（1）添加切槽加工所用刀具。点击主菜单"数控车"子菜单区中的"刀具库管理"命令。通过弹出如图 3.37 所示的对话框添加切槽刀具。

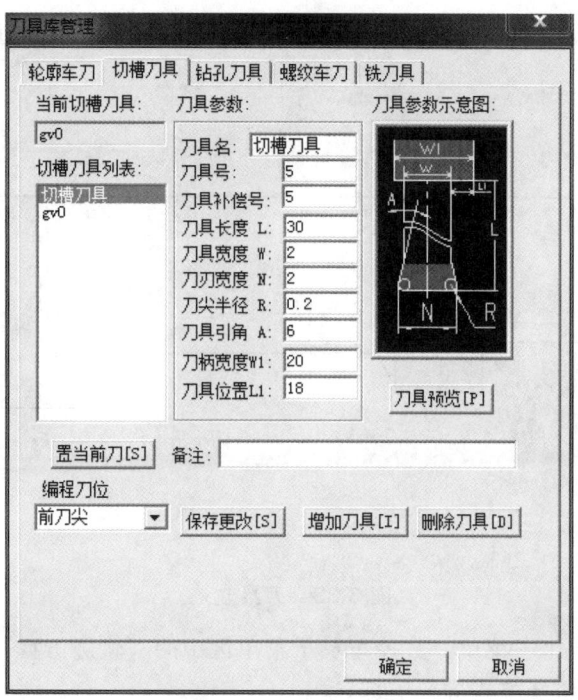

图 3.37 切槽刀具

（2）零件切槽加工。点击主菜单"数控车"子菜单区中的"切槽"命令。参考切槽加工参数汇总表，分别设置"切槽加工参数""切削用量"和"切槽刀具"参数，如图 3.38 所示。

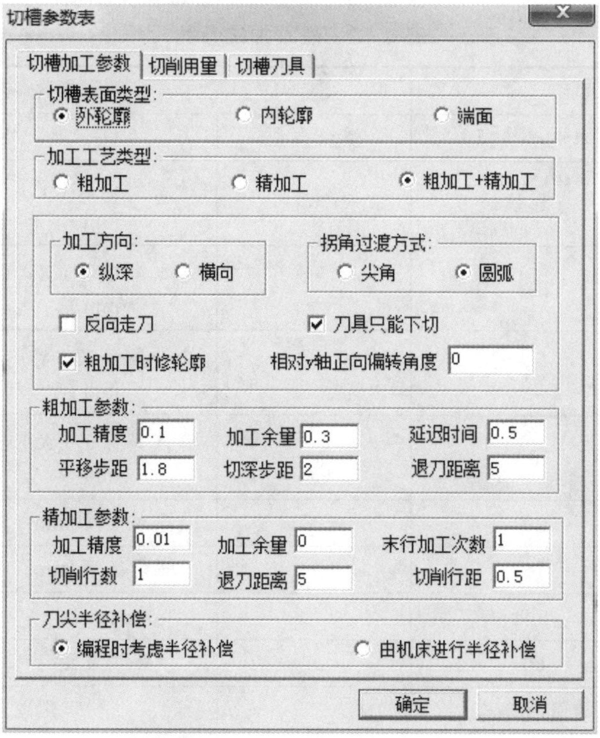

图 3.38 切槽参数表

(3)生成刀具轨迹。拾取被加工表面,切入点 X = -11 mm,Y = 18 mm,生成轨迹,如图 3.39 所示。

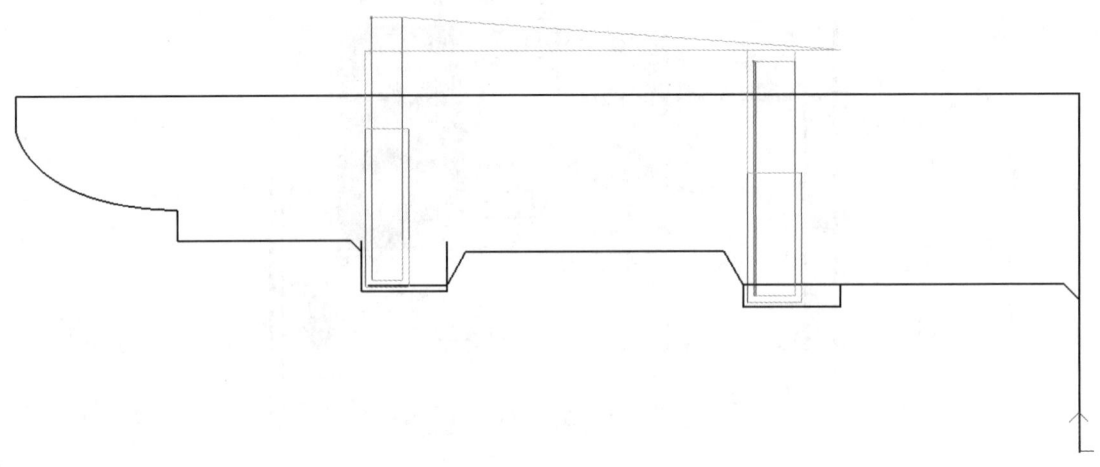

图 3.39 刀具轨迹

(4)轨迹仿真。点击主菜单"数控车"子菜单区中的"轨迹仿真"命令。可以选取"动态""静态"或者"二维"方式进行仿真。

(5)生成轨迹的 G 代码。点击主菜单"数控车"子菜单区中的"代码生成"命令。设置保存文件路径和机床系统后,拾取刀具轨迹,生成 G 代码。

5. 螺纹加工参数汇总(见表 3.12)

表 3.12 螺纹加工参数

刀具参数		螺纹参数	
刀具种类	米制螺纹刀	螺纹类型	外螺纹
刀具名称	60°普通螺纹刀	起点坐标 X(Y)/mm	7.5
刀具号	T04	起点坐标 Z(X)/mm	0
刀具补偿号	04	终点坐标 X(Y)/mm	7.5
刀柄长度/mm	100	终点坐标 Z(X)/mm	-11
刀柄宽度/mm	20	螺纹长度/mm	11
刀刃长度/mm	15	螺牙高度/mm	0.974
刀尖宽度/mm	0.5	螺纹头数	1
刀具角度/(°)	60	螺纹节距	恒定节距 1.5 mm
进退刀方式		螺纹加工参数	
粗加工进刀方式	垂直	加工工艺类型	粗加工+精加工

续表

粗加工退刀方式	垂直	快退距离 10 mm	末行走刀次数	1
精加工进刀方式	垂直		螺纹总深/mm	0.974
精加工退刀方式	垂直	快退距离 10 mm	粗加工深度/mm	0.9
	切削用量		精加工深度/mm	0.074
速度设定	进退刀是否快速	是	粗加工参数	
	接近速度/(mm/min)		每行切入用量	恒定切入面积 第一刀行距 0.4 mm, 最小行距 0.2 mm
	退刀速度/(mm/min)			
	进刀量/(mm/r)	1.5	每行切入方式	沿牙槽中心线
主轴转速选项	恒转速(r/min)	320	精加工参数	
	恒线速度/(m/min)		每行切入用量	恒定行距 0.074 mm
	主轴转速限制/(r/min)	2 000	每行切入方式	沿牙槽中心线
样条拟合方式		直线拟合		

切入切出点：X = 5 mm，Y = 25 mm。

6. 螺纹加工

（1）添加螺纹加工所用刀具。点击主菜单"数控车"子菜单区中的"刀具库管理"命令。通过弹出如图 3.40 所示的对话框添加螺纹车刀。

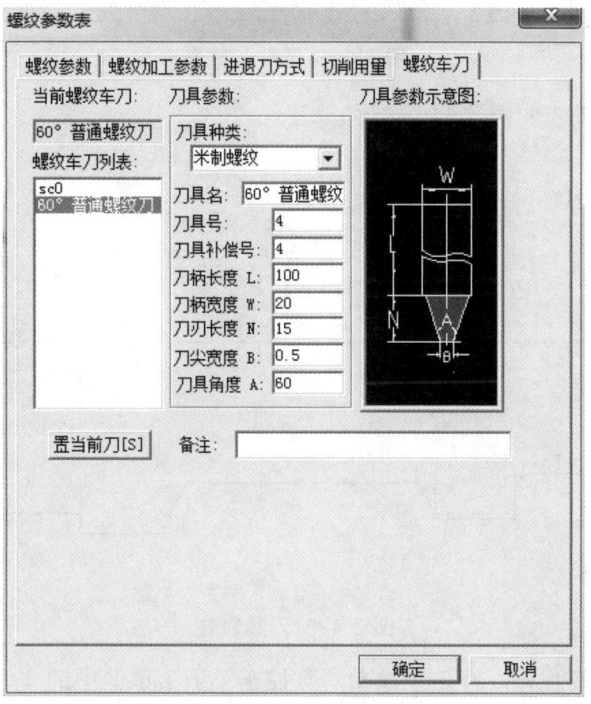

图 3.40 螺纹车刀

（2）零件螺纹加工。点击主菜单"数控车"子菜单区中的"车螺纹"命令。参考螺纹加工参数汇总表，分别设置"螺纹参数""螺纹加工参数""进退刀方式""切削用量"和"螺纹车刀"等参数，如图 3.41 所示。

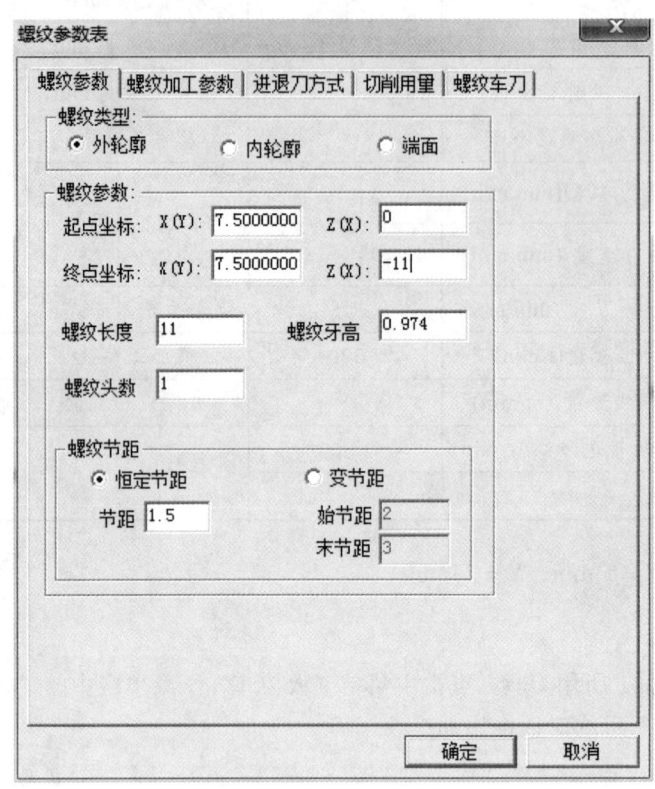

图 3.41　螺纹参数表

（3）生成刀具轨迹，如图 3.42 所示。

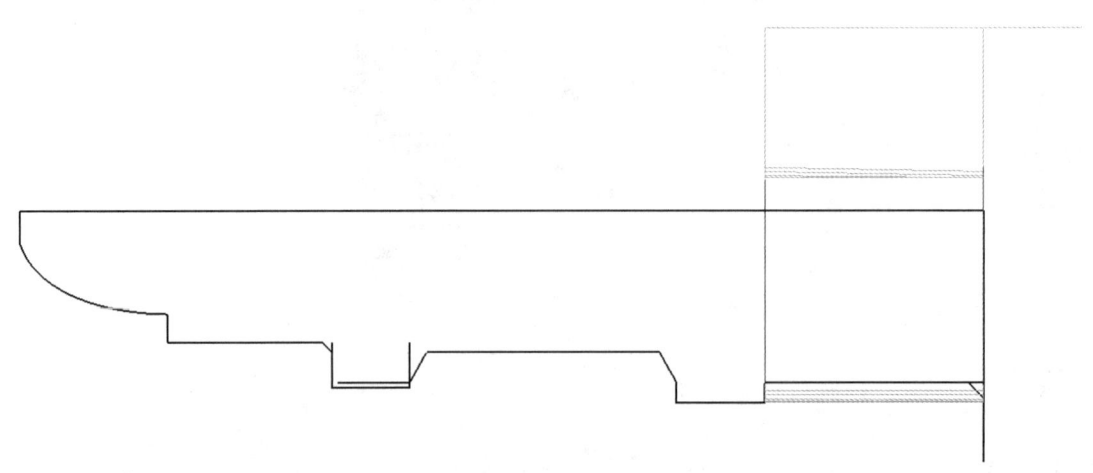

图 3.42　刀具轨迹

（4）生成轨迹的 G 代码。点击主菜单"数控车"子菜单区中的"代码生成"命令。设置保存文件路径和机床系统后，拾取刀具轨迹，生成 G 代码，如图 3.43 所示。

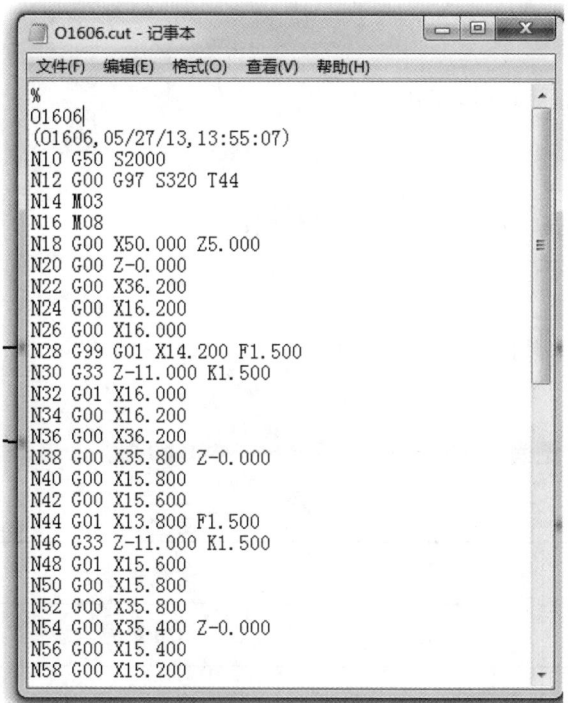

图 3.43 加工指令

3.3 零件 3 的车削加工

3.3.1 零件 3 图纸

零件 3 尺寸如图 3.44 所示。

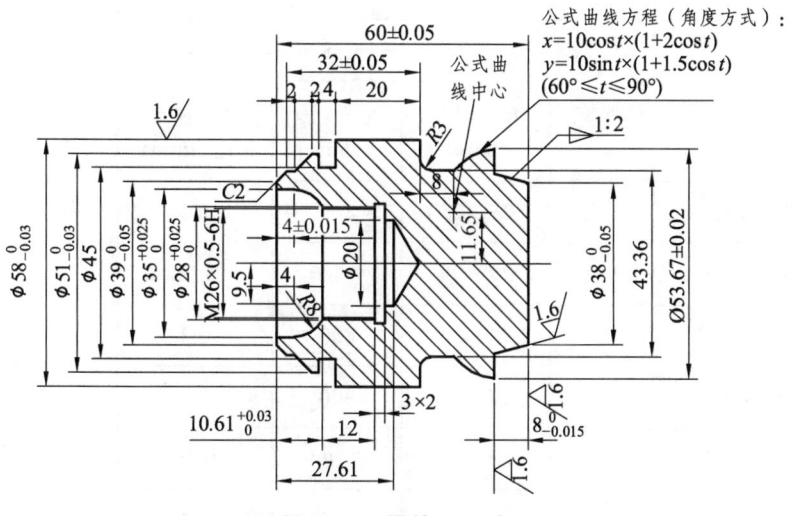

图 3.44 零件 3 尺寸

3.3.2 零件 3 车削工艺

（1）毛坯：ϕ65 mm×70 mm 棒料。
（2）加工路线如下：
① 装卡，对刀；
② 粗车 ϕ58、ϕ43.36、ϕ38、公式曲线等外圆；
③ 精车；
④ 工件掉头，装卡，对刀；
⑤ 粗车 ϕ51、ϕ39 等外圆；
⑥ 精车。

1. 第一次装夹（见表 3.13）

表 3.13 第一次装夹工艺

工序号	程序编号	夹具名称	使用设备	车间
		三爪卡盘	CJK6024 数控车床	数控中心

工步	工步内容	刀具号	刀具规格/mm	主轴转速/(r/min)	进给速度/(mm/r)	余量/mm	备注
1	粗车外表面	T02	25×25	800	0.2	0.3	自动
2	精车外表面	T02	25×25	1 200	0.15	0	自动

2. 第二次装夹（见表 3.14）

表 3.14 第二次装夹工艺

工序号	程序编号	夹具名称	使用设备	车间
		三爪卡盘	CJK6024 数控车床	数控中心

工步	工步内容	刀具号	刀具规格/mm	主轴转速/(r/min)	进给速度/(mm/min)	背吃刀/mm	备注
1	粗车外表面	T02	25×25	800	0.2	0.3	自动
2	精车外表面	T02	25×25	1 200	0.15	0	自动
3	切退刀槽	T05	20×20	800	0.2	0	手/自动
4	粗车内孔	T06	20×20	800	0.2	0.3	自动
5	精车内孔	T06	20×20	1 200	0.15	0	自动
6	加工螺纹	T04	20×20	300	0.2	0	自动

3.3.3 零件3加工

3.3.3.1 零件左部加工

1. 粗车加工参数汇总（见表 3.15）

表 3.15 粗车加工参数

刀具参数		快速退刀距离	L = 5 mm
刀具名	93°右手外圆偏刀	切削用量	
刀具号	T02	进退刀快速走刀	否
刀具补偿号	02	接近速度/(mm/min)	5
刀柄长度/mm	120	退刀速度/(mm/min)	5
刀柄宽度/mm	25	进给量/(mm/r)	0.2
刀角长度/mm	10	恒转速/(r/min)	800
刀尖半径/mm	1	恒线速度/(m/min)	
刀具前角/(°)	87	主轴最高转速/(r/min)	2 000
刀具后角/(°)	62	直线拟合	
轮廓车刀类型	外轮廓车刀	圆弧拟合	
对刀点方式	刀尖圆心	拟合最大半径/mm	9 999
刀具类型	普通车刀	加工参数	
刀具偏置方向	左偏	加工表面方式	外轮廓
进退刀方式		加工方式	行切方式
每行相对毛坯进刀方式	与加工表面成定角 L = 2 mm, A = 45°	加工精度/mm	0.1
	垂直 否	加工余量/mm	0.3
	矢量 否	加工角度/(°)	180
每行相对加工表面进刀方式	与加工表面成定角	切削行距/mm	3.5
	垂直 是	干涉前角/(°)	0
	矢量	干涉后角/(°)	60
每行相对毛坯退刀方式	与加工表面成定角 L = 2 mm, A = 45°	拐角过度方式	圆弧
	垂直 否	反向走刀	否
	矢量 否	详细干涉检查	是
每行相对加工表面退刀方式	与加工表面成定角	退刀沿轮廓走刀	否
	垂直 是	刀尖半径补偿	编程考虑半径补偿
	矢量		

(1)确定加工参数,如图 3.45 所示。

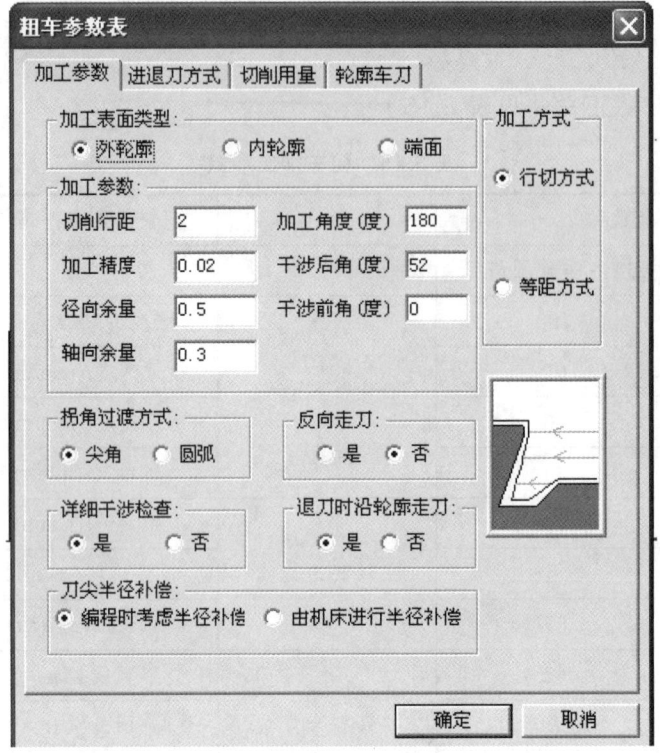

图 3.45　粗车参数表

(2)生成加工轨迹,如图 3.46 所示。

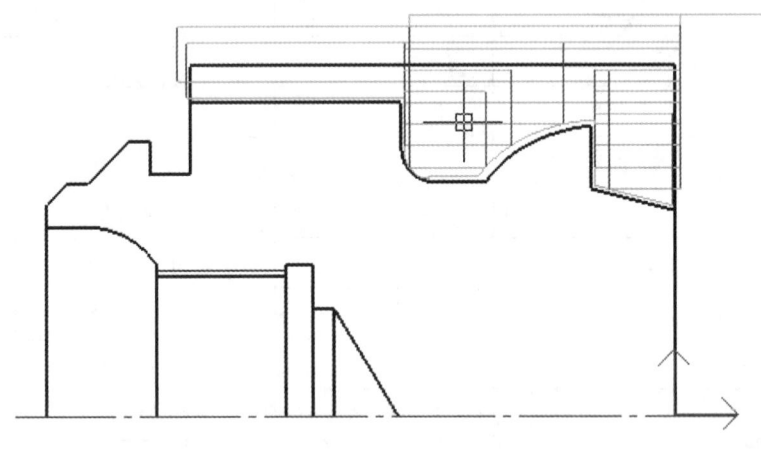

图 3.46　加工轨迹

(3)轨迹仿真。
(4)代码生成。

2. 精车 $\phi58$、$\phi43.36$、$\phi38$ 公式曲线等外圆

(1)确定加工参数,如表 3.16 和图 3.47 所示。

表 3.16 精车加工参数

刀具参数		快速退刀距离	L = 5 mm
刀具名	93°右手外圆偏刀	切削用量	
刀具号	T02	进退刀快速走刀	否
刀具补偿号	02	接近速度/(mm/min)	5
刀柄长度/mm	120	退刀速度/(mm/min)	5
刀柄宽度/mm	25	进给量/(mm/r)	0.2
刀角长度/mm	10	恒转速/(r/min)	800
刀尖半径/mm	1	恒线速度/(m/min)	
刀具前角/(°)	87	主轴最高转速/(r/min)	2 000
刀具后角/(°)	62	直线拟合	
轮廓车刀类型	外轮廓车刀	圆弧拟合	
对刀点方式	刀尖圆心	拟合最大半径/mm	9 999
刀具类型	普通车刀	加工参数	
刀具偏置方向	左偏	加工表面方式	外轮廓
进退刀方式		加工方式	行切方式
每行相对毛坯进刀方式	与加工表面成定角 L = 2 mm, A = 45°	加工精度/mm	0.1
	垂直 否	加工余量/mm	0.3
	矢量 否	加工角度/(°)	180
每行相对加工表面进刀方式	与加工表面成定角	切削行距/mm	3.5
	垂直 是	干涉前角/(°)	0
	矢量	干涉后角/(°)	60
每行相对毛坯退刀方式	与加工表面成定角 L = 2 mm, A = 45°	拐角过度方式	圆弧
	垂直 否	反向走刀	否
	矢量 否	详细干涉检查	是
每行相对加工表面退刀方式	与加工表面成定角	退刀沿轮廓走刀	否
	垂直 是	刀尖半径补偿	编程考虑半径补偿
	矢量		

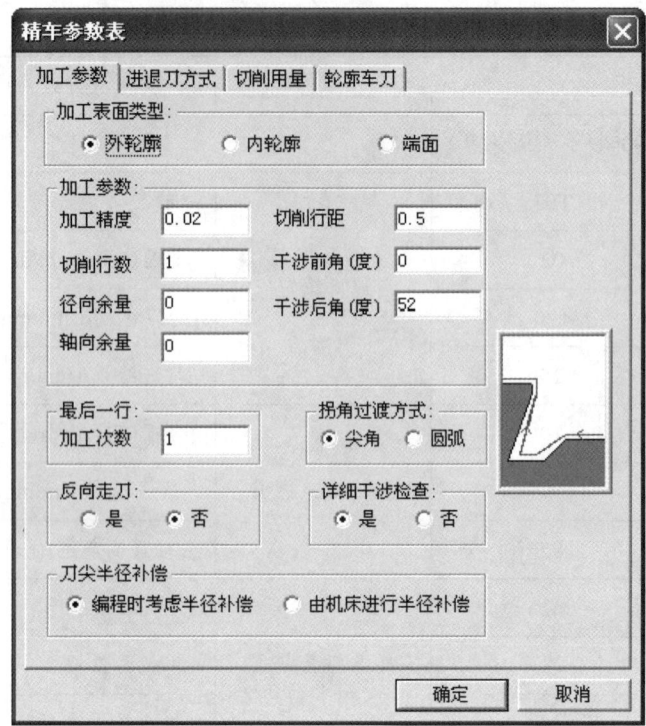

图 3.47　精车参数表

（2）生成加工轨迹，如图 3.48 所示。

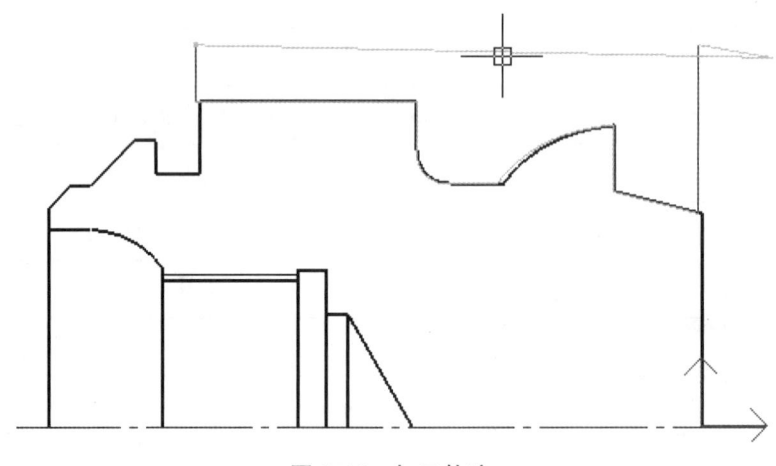

图 3.48　加工轨迹

（3）轨迹仿真。
（4）代码生成。

3.3.3.2　零件右部加工

1. 粗车 $\phi 51$、$\phi 39$ 等外圆

（1）参数设定，如表 3.17 和图 3.49 所示。

表 3.17 精车加工参数

刀具参数			快速退刀距离	L = 5 mm
刀具名	93°右手外圆偏刀	切削用量		
刀具号	T02	速度设定	进退刀快速走刀	否
刀具补偿号	02		接近速度/(mm/min)	5
刀柄长度/mm	120		退刀速度/(mm/min)	5
刀柄宽度/mm	25		进给量/(mm/r)	0.2
刀角长度/mm	10	主轴转速选项	恒转速/(r/min)	800
刀尖半径/mm	1		恒线速度/(m/min)	
刀具前角/(°)	87		主轴最高转速/(r/min)	2 000
刀具后角/(°)	62	样条拟合方式	直线拟合	
轮廓车刀类型	外轮廓车刀		圆弧拟合	
对刀点方式	刀尖圆心		拟合最大半径/mm	9 999
刀具类型	普通车刀	加工参数		
刀具偏置方向	左偏	加工表面方式	外轮廓	
进退刀方式		加工方式	行切方式	
每行相对毛坯进刀方式	与加工表面成定角	L = 2 mm, A = 45°	加工精度/mm	0.1
	垂直	否	加工余量/mm	0.3
	矢量	否	加工角度/(°)	180
每行相对加工表面进刀方式	与加工表面成定角		切削行距/mm	3.5
	垂直	是	干涉前角/(°)	0
	矢量		干涉后角/(°)	60
每行相对毛坯退刀方式	与加工表面成定角	L = 2 mm, A = 45°	拐角过度方式	圆弧
	垂直	否	反向走刀	否
	矢量	否	详细干涉检查	是
每行相对加工表面退刀方式	与加工表面成定角		退刀沿轮廓走刀	否
	垂直	是	刀尖半径补偿	编程考虑半径补偿
	矢量			

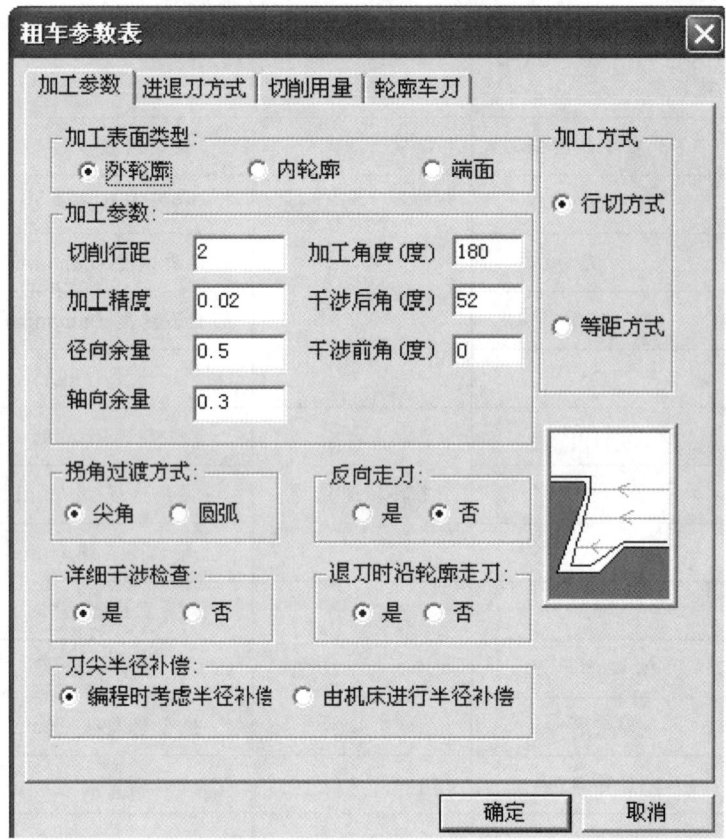

图 3.49　粗车参数表

（2）生成加工轨迹，如图 3.50 所示。

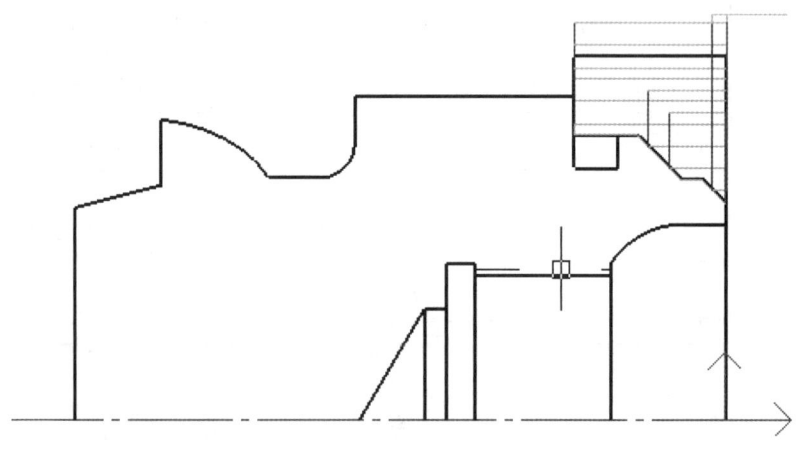

图 3.50　加工轨迹

2．精车外表面

（1）参数设定，如表 3.18 和图 3.51 所示。

表 3.18 精车加工参数

刀具参数		快速退刀距离	L = 5 mm
刀具名	93°右手外圆偏刀	切削用量	
刀具号	T02	进退刀快速走刀	否
刀具补偿号	02	接近速度/(mm/min)	5
刀柄长度/mm	120	速度设定	
		退刀速度/(mm/min)	5
刀柄宽度/mm	25	进给量/(mm/r)	0.2
刀角长度/mm	10	恒转速/(r/min)	800
刀尖半径/mm	1	主轴转速选项	
		恒线速度/(m/min)	
刀具前角/(°)	87	主轴最高转速/(r/min)	2 000
刀具后角/(°)	62	直线拟合	
轮廓车刀类型	外轮廓车刀	样条拟合方式	
		圆弧拟合	
对刀点方式	刀尖圆心	拟合最大半径/mm	9 999
刀具类型	普通车刀	加工参数	
刀具偏置方向	左偏	加工表面方式	外轮廓
进退刀方式		加工方式	行切方式
每行相对毛坯进刀方式	与加工表面成定角	L = 2 mm, A = 45°	加工精度/mm	0.1
	垂直	否	加工余量/mm	0.3
	矢量	否	加工角度/(°)	180
每行相对加工表面进刀方式	与加工表面成定角		切削行距/mm	3.5
	垂直	是	干涉前角/(°)	0
	矢量		干涉后角/(°)	60
每行相对毛坯退刀方式	与加工表面成定角	L = 2 mm, A = 45°	拐角过度方式	圆弧
	垂直	否	反向走刀	否
	矢量	否	详细干涉检查	是
每行相对加工表面退刀方式	与加工表面成定角		退刀沿轮廓走刀	否
	垂直	是	刀尖半径补偿	编程考虑半径补偿
	矢量			

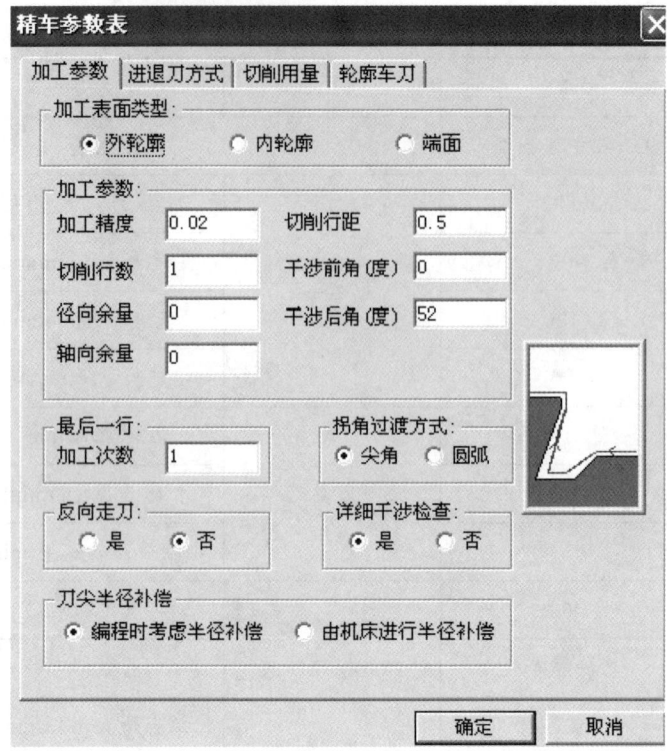

图 3.51 精车参数表

(2) 生成刀具轨迹,如图 3.52 所示。

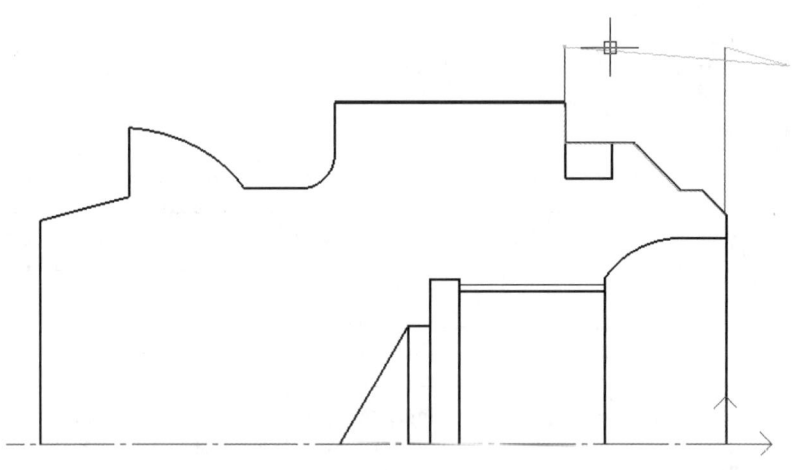

图 3.52 加工轨迹

3. 切槽加工

切槽 $\phi 45$。

4. 切槽粗精加工

(1) 参数设定,如表 3.19 和图 3.53 所示。

表 3.19 切槽加工参数

刀具参数		槽加工参数		
刀具名称	切断刀	切槽表面类型	外轮廓	
刀具号	T05	加工工艺类型	粗加工+精加工	
刀具补偿号	05	加工方向	纵深	
刀具长度/mm	30	拐角过度方式	圆角过度	
刀具宽度/mm	2	切入方式	刀具只向下切	
刀具刃宽/mm	2	毛坯余量/mm	0	
刀尖半径/mm	0.2	选择角度/(°)	0	
刀具引角/(°)	6	粗加工参数	加工精度/mm	0.1
刀柄宽度/mm	20		加工余量/mm	0.3
刀具位置/mm	18		延迟时间/s	0.5
编程刀位点	前刀尖圆心		平移步距/mm	1.5
			切深步距/mm	2
			退刀距离/mm	5
切削用量		精加工参数	加工精度/mm	0.01
速度设定	进退刀是否快速	是	加工余量/mm	0
	接近速度/(mm/min)		末行加工次数	1
	退刀速度/(mm/min)		切削行数	1
	进给量/(mm/r)	0.15	退刀距离/mm	5
主轴转速选项	恒转速/(r/min)	800	切削行距/mm	0.5
	恒线速度/(m/min)		刀尖编程补偿	编程考虑刀尖补偿
	最高转速/(r/min)	2 000		

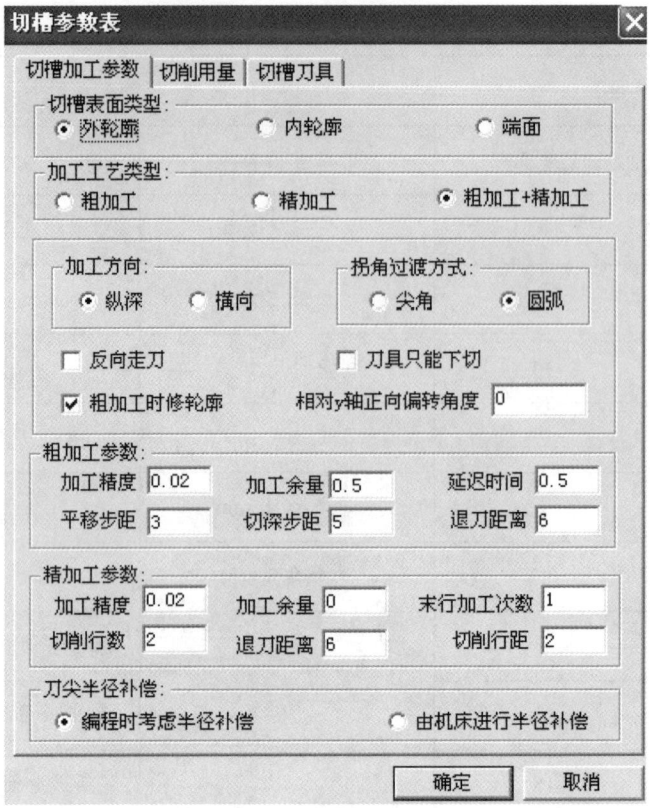

图 3.53　切槽参数表

（2）生成加工轨迹，如图 3.54 所示。

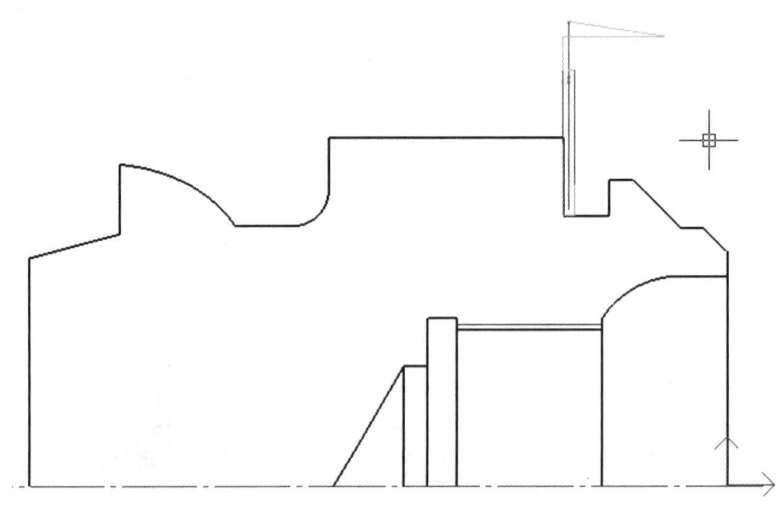

图 3.54　加工轨迹

5．钻中心孔

钻中心孔 $\phi20$。

（1）参数设定，如图 3.55 所示。

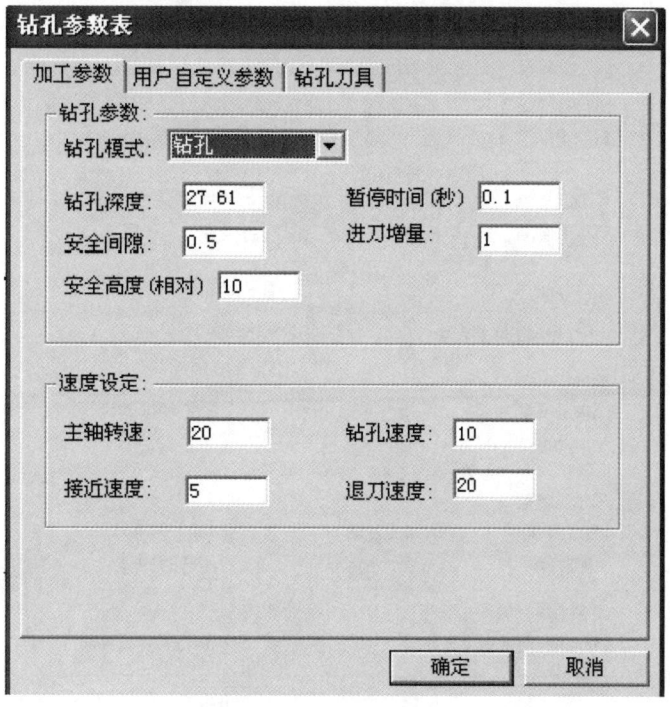

图 3.55 钻孔参数表

（2）生成加工轨迹，如图 3.56 所示。

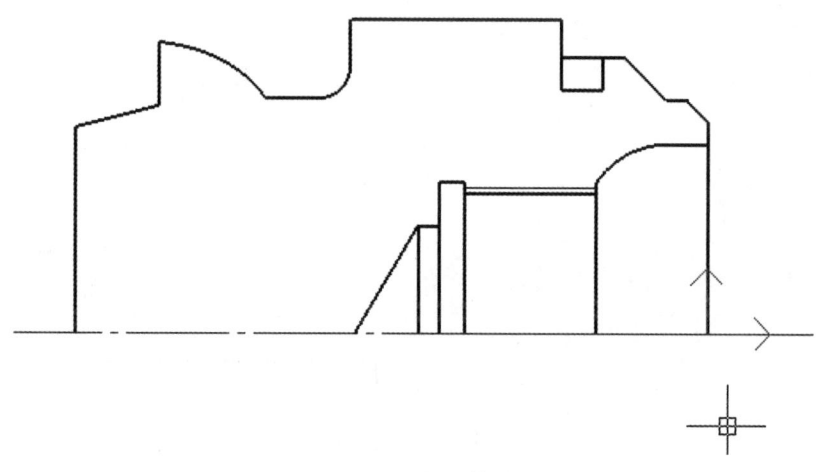

图 3.56 加工轨迹

6．切槽加工

切槽 $\phi 28$。

（1）参数设定，如图 3.57 所示。

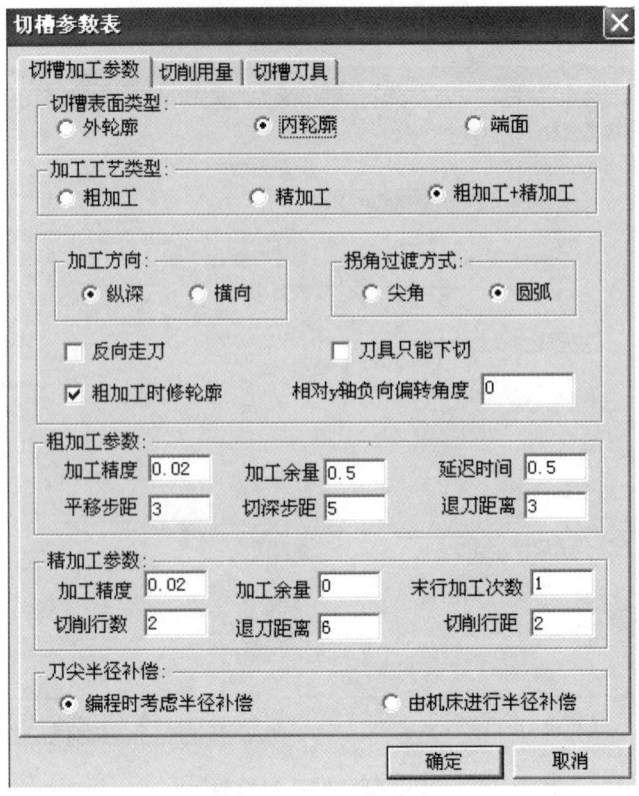

图 3.57 切槽参数表

（2）生成加工轨迹，如图 3.58 所示。

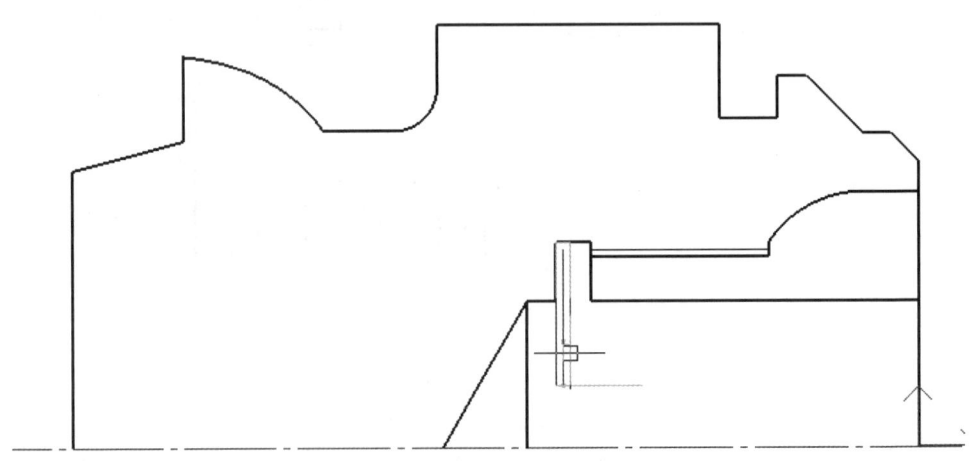

图 3.58 加工轨迹

7. 粗车内孔

粗车 $\phi 35$、$R8$ 内孔。

（1）参数设定，如表 3.20 和图 3.59 所示。

表 3.20 粗车加工参数

刀具参数			快速退刀距离	L = 5 mm
刀具名	内孔车刀	切削用量		
刀具号	T06		进退刀快速走刀	否
刀具补偿号	06	速度设定	接近速度/(mm/min)	5
刀柄长度/mm	120		退刀速度/(mm/min)	5
刀柄宽度/mm	20		进给量/(mm/r)	0.2
刀角长度/mm	10		恒转速/(r/min)	800
刀尖半径/mm	1	主轴转速选项	恒线速度/(m/min)	
刀具前角/(°)	80		主轴最高转速/(r/min)	2 000
刀具后角/(°)	15	样条拟合方式	直线拟合	
轮廓车刀类型	内轮廓车刀		圆弧拟合	
对刀点方式	刀尖圆心		拟合最大半径/mm	999
刀具类型	普通车刀	加工参数		
刀具偏置方向	左偏	加工表面方式	外轮廓	
进退刀方式			加工方式	行切方式
每行相对毛坯进刀方式	与加工表面成定角	L = 2 mm, A = 45°	加工精度/mm	0.1
	垂直	否	加工余量/mm	0.3
	矢量	否	加工角度/(°)	180
每行相对加工表面进刀方式	与加工表面成定角		切削行距/mm	3.5
	垂直	是	干涉前角/(°)	0
	矢量		干涉后角/(°)	50
每行相对毛坯退刀方式	与加工表面成定角	L = 2 mm, A = 45°	拐角过度方式	圆弧
	垂直	否	反向走刀	否
	矢量	否	详细干涉检查	是
每行相对加工表面退刀方式	与加工表面成定角		退刀沿轮廓走刀	否
	垂直	是	刀尖半径补偿	编程考虑半径补偿
	矢量			

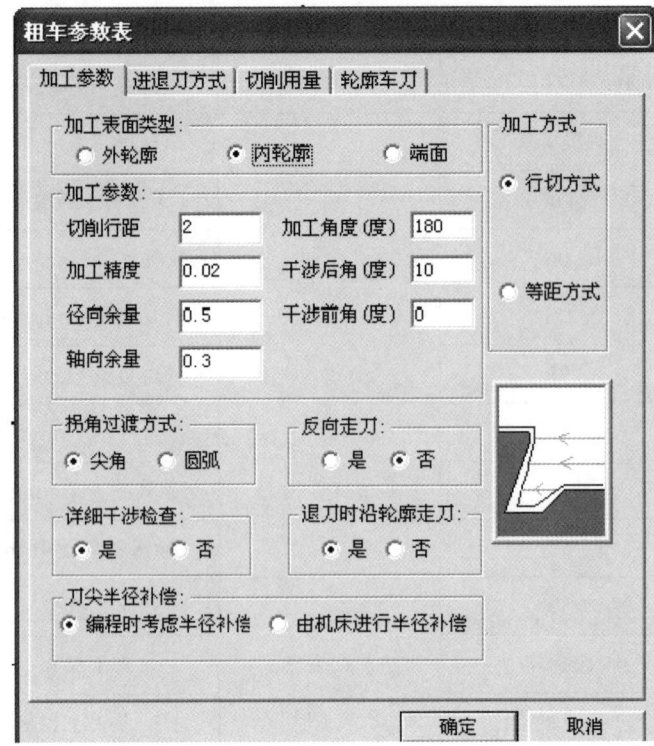

图 3.59 粗车参数表

(2) 生成加工轨迹,如图 3.60 所示。

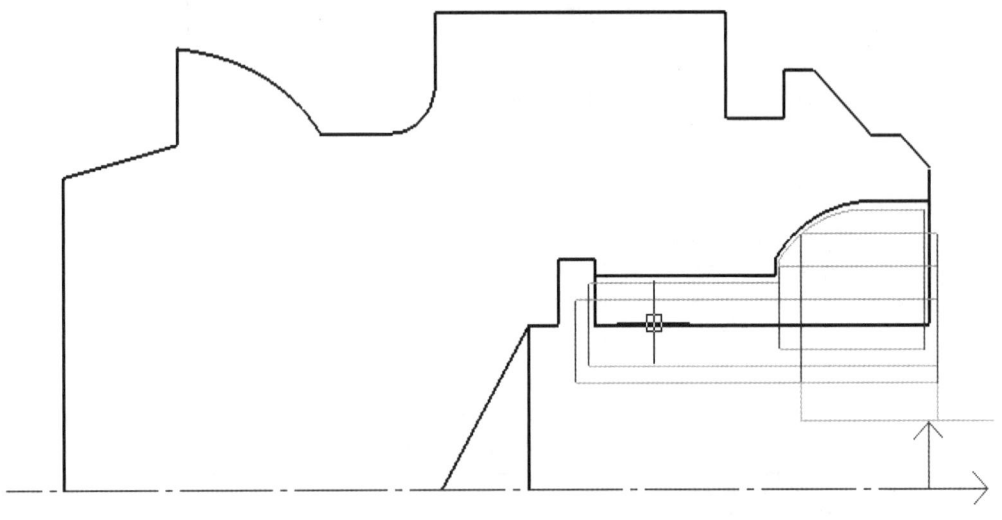

图 3.60 加工轨迹

8. 精车内孔

精车 $\phi35$、$R8$ 内孔。生成的加工轨迹如图 3.61 所示。

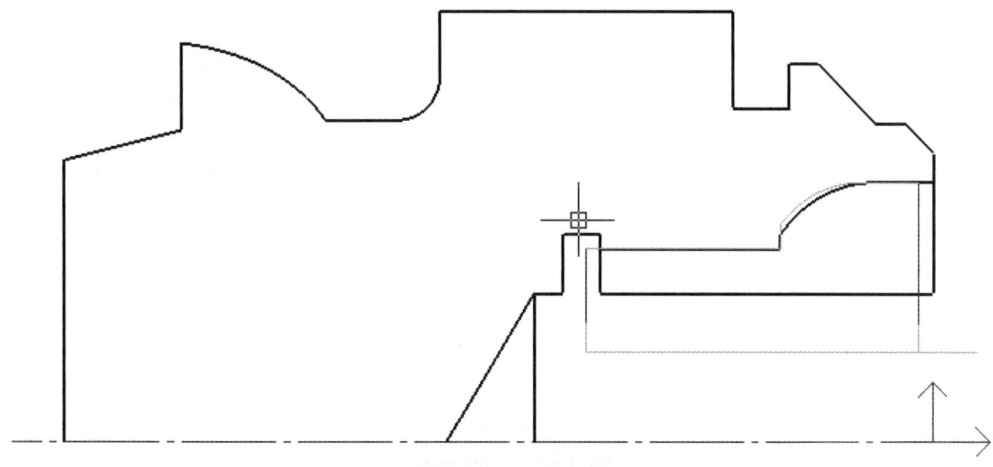

图 3.61　加工轨迹

9. 车螺纹

（1）参数设置，如图 3.62 所示。

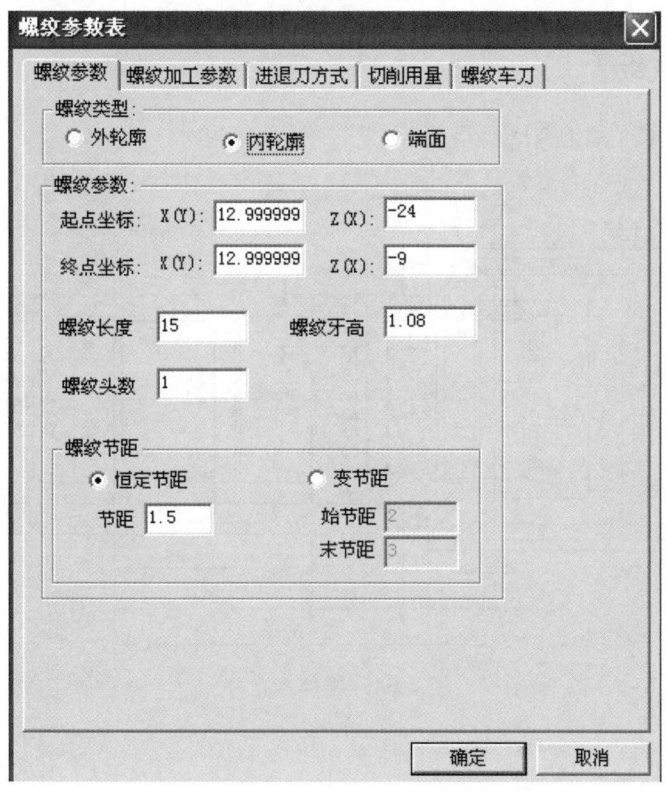

图 3.62　螺纹参数表

（2）生成加工轨迹，如图 3.63 所示。

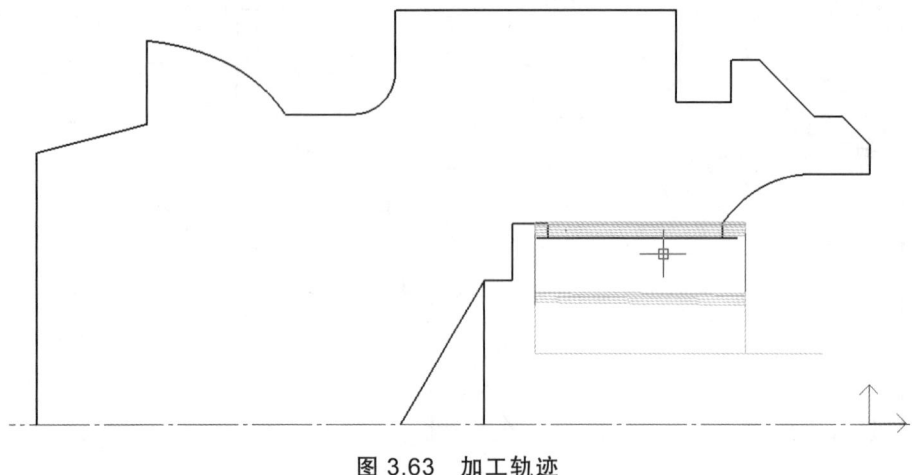

图 3.63 加工轨迹

3.4 零件 4 的车削加工

3.4.1 零件 4 图纸

零件 4 尺寸如图 3.64 所示。

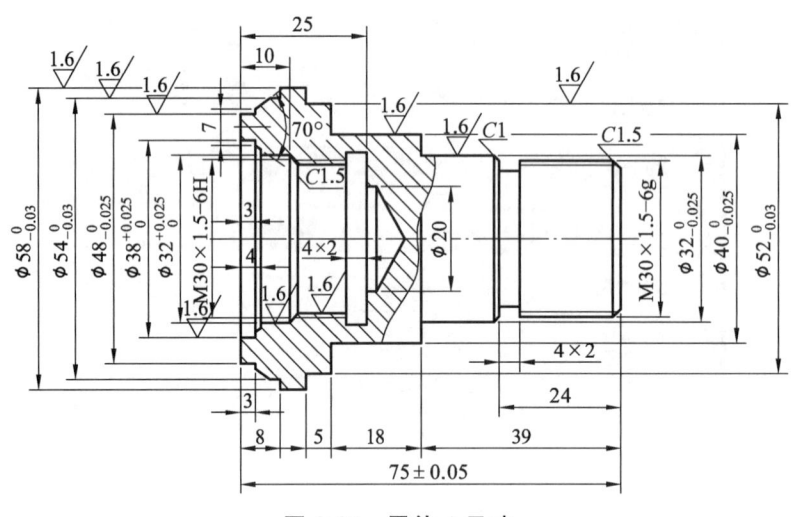

图 3.64 零件 4 尺寸

3.4.2 零件 4 车削工艺

（1）毛坯：ϕ65 mm×85 mm 棒料。
（2）加工路线如下：
① 装卡，对刀；
② 粗车外圆；

③ 精车；
④ 切槽；
⑤ 工件掉头，装卡，对刀；
⑥ 粗车外圆；
⑦ 精车；
⑧ 钻中心孔；
⑨ 切槽；
⑩ 切螺纹。

1. 第一次装夹（见表 3.21）

表 3.21　第一次装夹工艺

工序号	程序编号	夹具名称	使用设备	车间		
		三爪卡盘	CJK6024 数控车床	数控中心		
工步	工步内容	刀具号	刀具规格/mm	主轴转速/(r/min)	进给速度/(mm/r)	余量/mm	备注
1	粗车外表面	T01	25×25	800	0.2	0.3	自动
2	精车外表面	T01	25×25	1200	0.15	0	自动
3	切槽	T02	20×20	800	0.2	0	手/自动
4	加工螺纹	T03	25×25	300	0.2	0	自动

2. 第二次装夹（见表 3.22）

表 3.22　第二次装夹工艺

工序号	程序编号	夹具名称	使用设备	车间		
		三爪卡盘	CJK6024 数控车床	数控中心		
工步	工步内容	刀具号	刀具规格/mm	主轴转速/(r/min)	进给速度/(mm/min)	背吃刀/mm	备注
1	粗车外表面	T01	25×25	800	0.2	0.3	自动
2	精车外表面	T01	25×25	1 200	0.15	0	自动
3	切退刀槽	T04	20×20	800	0.2	0	手/自动
4	粗车内孔	T05	20×20	800	0.2	0.3	自动
5	精车内孔	T05	20×20	1 200	0.15	0	自动
6	加工螺纹	T06	20×20	300	0.2	0	自动

3.4.3 零件 4 加工

3.4.3.1 零件右端加工（$\phi 52$ 端）

1. 粗车加工参数汇总（见表 3.23）

表 3.23 粗车加工参数

刀具参数		快速退刀距离	L = 5 mm
刀具名	93°右手外圆偏刀	切削用量	
刀具号	T02	进退刀快速走刀	否
刀具补偿号	02	接近速度/(mm/min)	5
刀柄长度/mm	120	退刀速度/(mm/min)	5
刀柄宽度/mm	25	进给量/(mm/r)	0.2
刀角长度/mm	10	恒转速/(r/min)	800
刀尖半径/mm	1	恒线速度/(m/min)	
刀具前角/(°)	87	主轴最高转速/(r/min)	2 000
刀具后角/(°)	62	直线拟合	
轮廓车刀类型	外轮廓车刀	圆弧拟合	
对刀点方式	刀尖圆心	拟合最大半径/mm	9 999
刀具类型	普通车刀	加工参数	
刀具偏置方向	左偏	加工表面方式	外轮廓
进退刀方式		加工方式	行切方式
每行相对毛坯进刀方式	与加工表面成定角	L = 2 mm，A = 45°	加工精度/mm	0.1
	垂直	否	加工余量/mm	0.3
	矢量	否	加工角度/(°)	180
每行相对加工表面进刀方式	与加工表面成定角		切削行距/mm	3.5
	垂直	是	干涉前角/(°)	0
	矢量		干涉后角/(°)	60
每行相对毛坯退刀方式	与加工表面成定角	L = 2 mm，A = 45°	拐角过渡方式	圆弧
	垂直	否	反向走刀	否
	矢量	否	详细干涉检查	是
每行相对加工表面退刀方式	与加工表面成定角		退刀沿轮廓走刀	否
	垂直	是	刀尖半径补偿	编程考虑半径补偿
	矢量			

（1）定义毛坯，如图 3.65 所示。

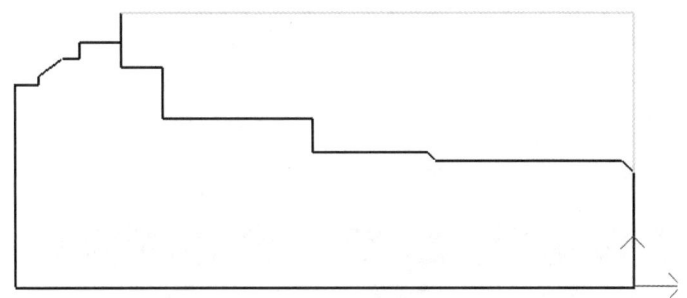

图 3.65 毛坯

（2）确定加工参数，如图 3.66 所示。

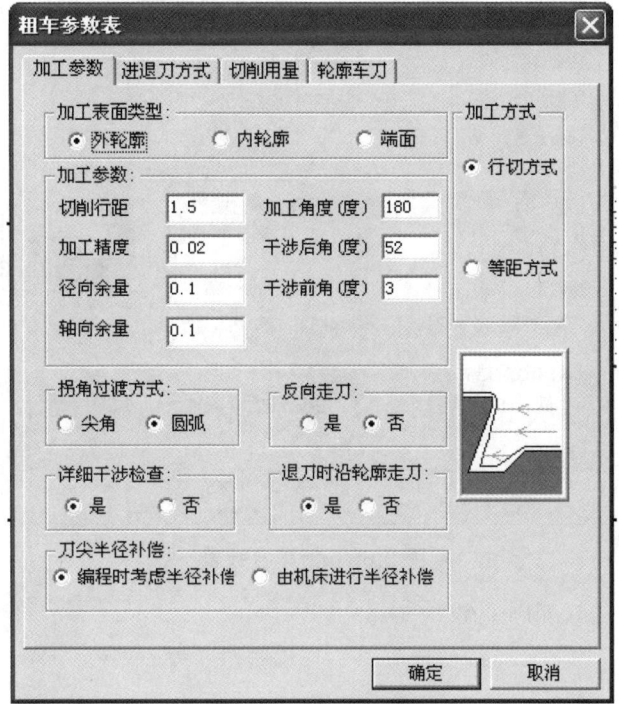

图 3.66 粗车参数表

（3）生成加工轨迹，如图 3.67 所示。

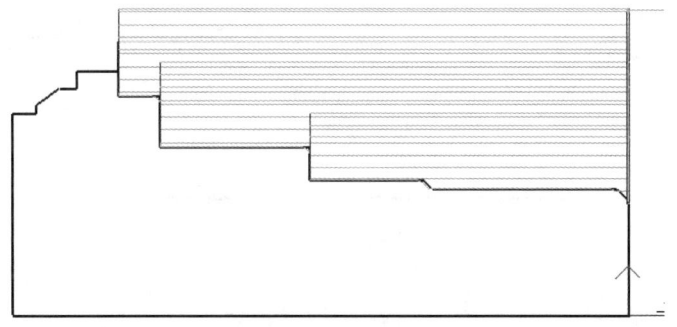

图 3.67 加工轨迹

（4）轨迹仿真。

（5）代码生成。

2. 精车 $\phi 52$ 端

（1）确定加工参数，如图 3.68 所示。

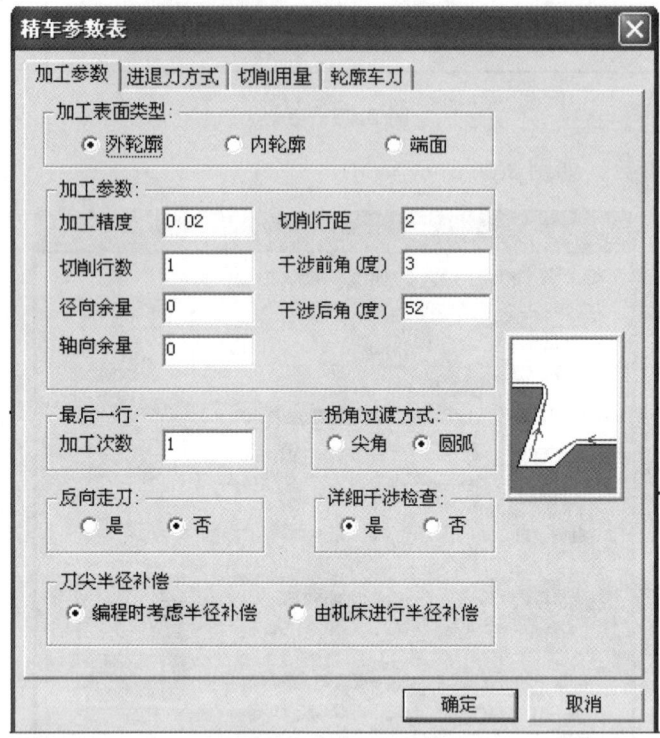

图 3.68　精车参数表

（2）生成加工轨迹，如图 3.69 所示。

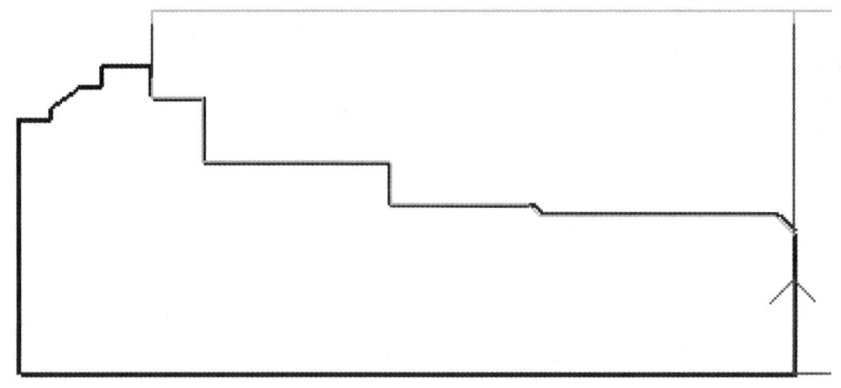

图 3.69　加工轨迹

3. 切　槽

（1）参数设置，如图 3.70 所示。

3 典型产品的车削加工

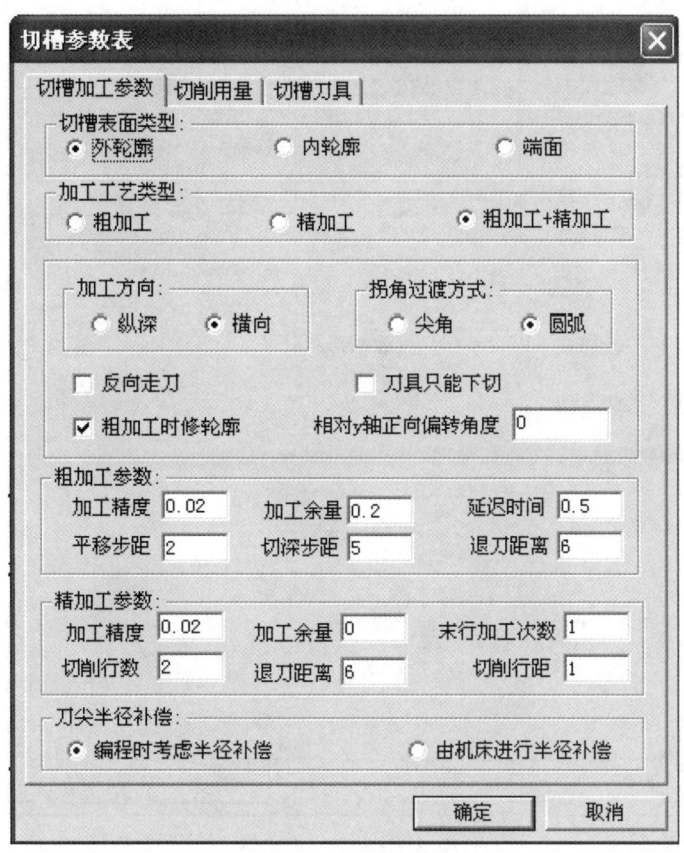

图 3.70 切槽参数表

(2)轨迹生成,如图 3.71 所示。

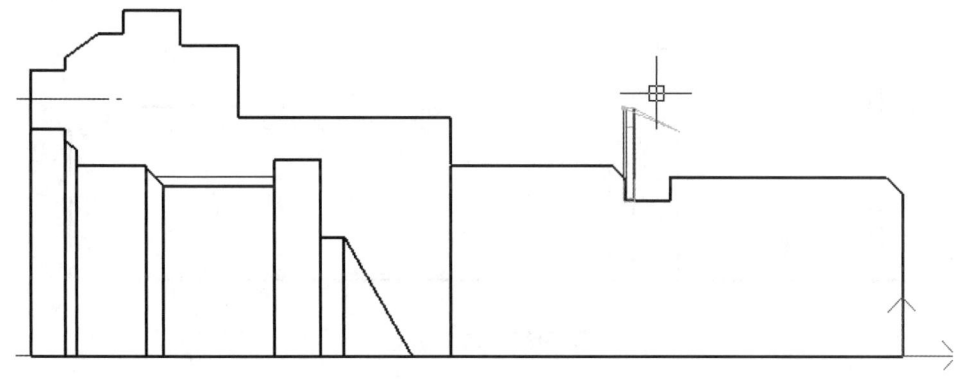

图 3.71 加工轨迹

4. 切螺纹

(1)参数设置,如图 3.72 所示。

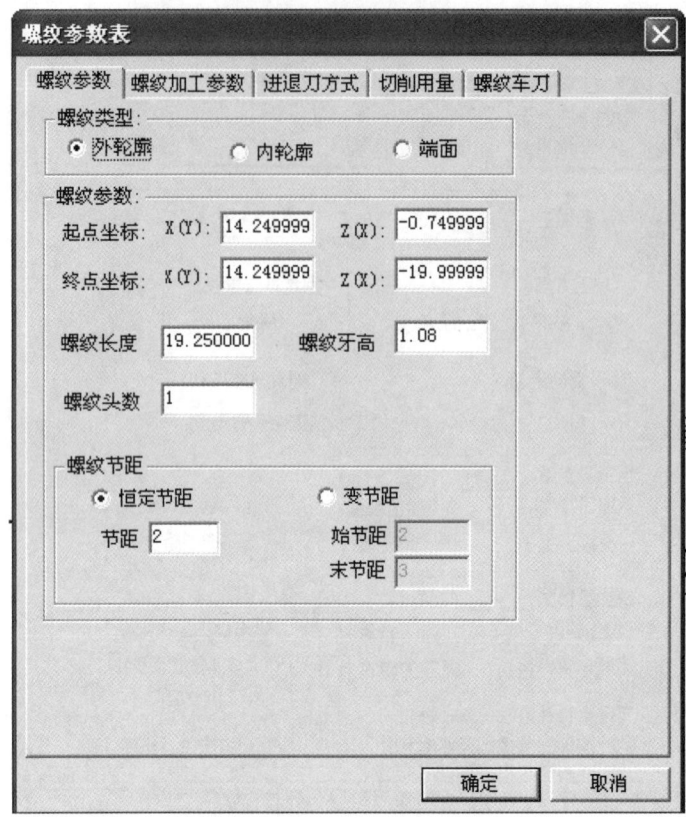

图 3.72　螺纹参数表

（2）轨迹生成，如图 3.73 所示。

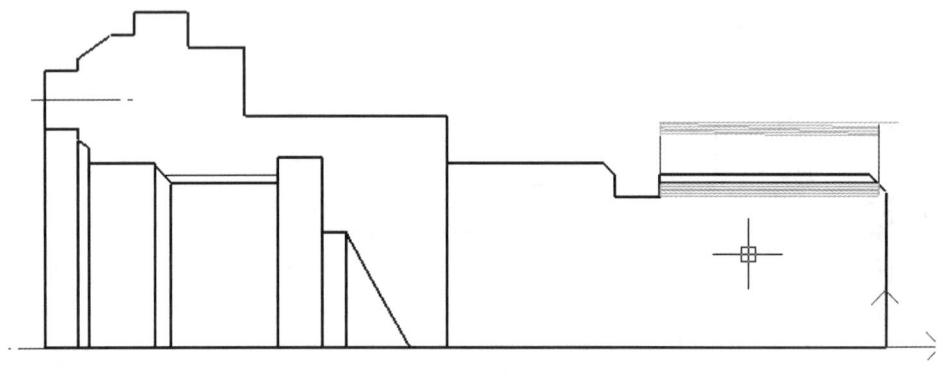

图 3.73　加工轨迹

3.4.3.2　零件左端加工

工件重新装卡，对刀。

1. 粗车 $\phi 57$ 等外圆

（1）参数设定，如图 3.74 所示。

3 典型产品的车削加工

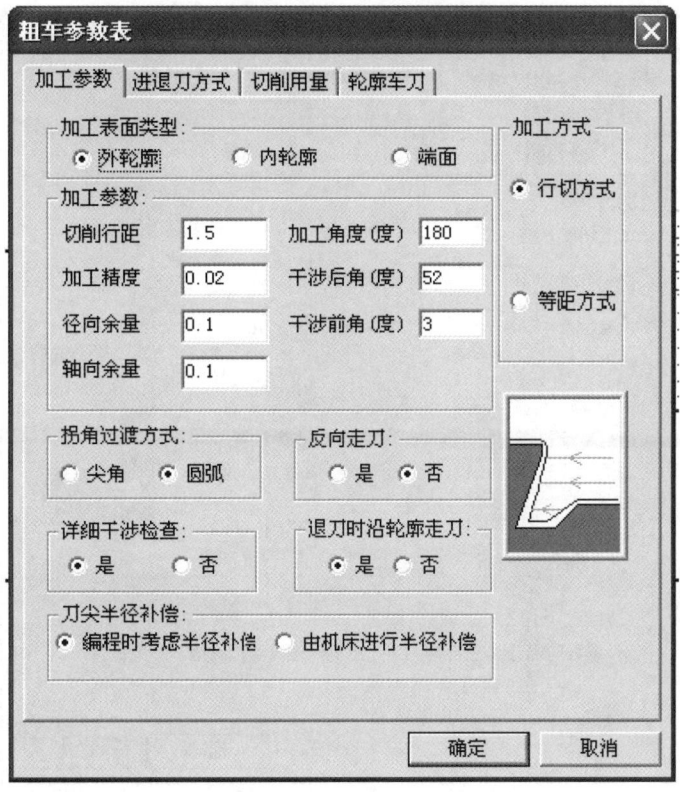

图 3.74 粗车参数表

（2）生成加工轨迹，如图 3.75 所示。

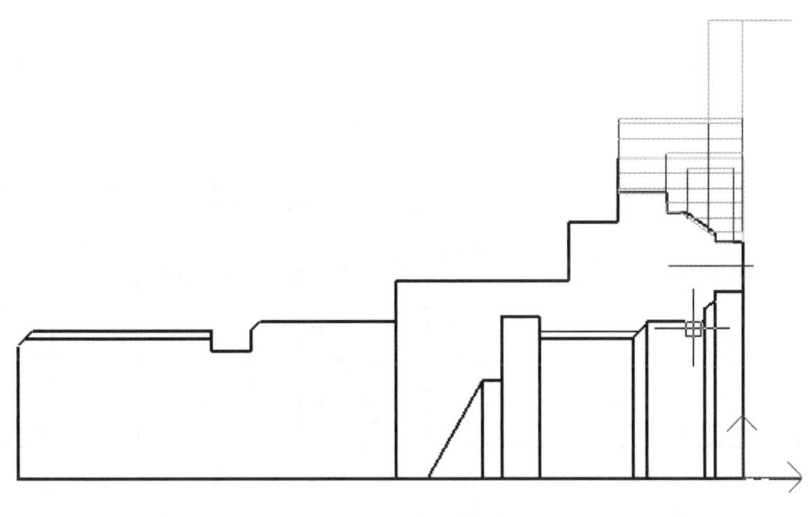

图 3.75 加工轨迹

2. 精车外表面

（1）参数设定，如图 3.76 所示。

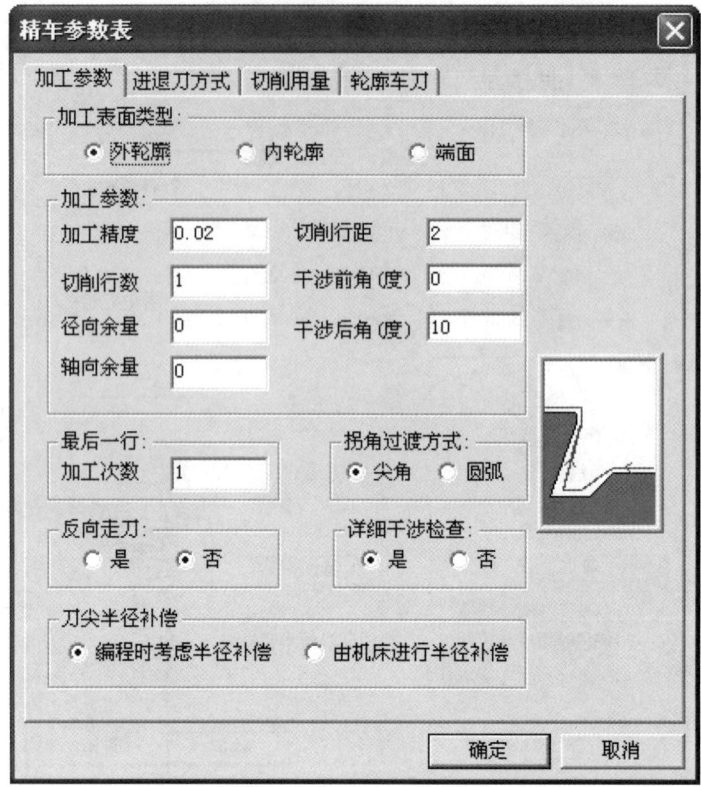

图 3.76　精车参数表

（2）生成刀具轨迹，如图 3.77 所示。

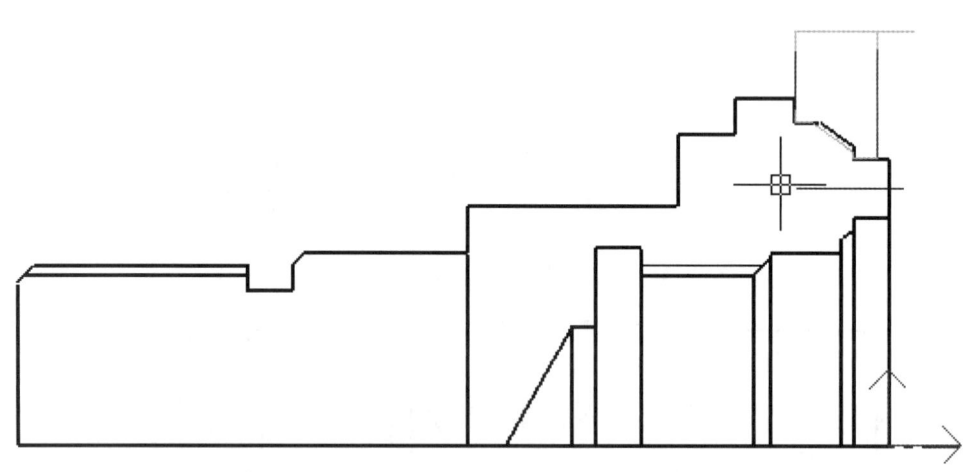

图 3.77　加工轨迹

3. 内轮廓粗车

（1）参数设定，如图 3.78 所示。

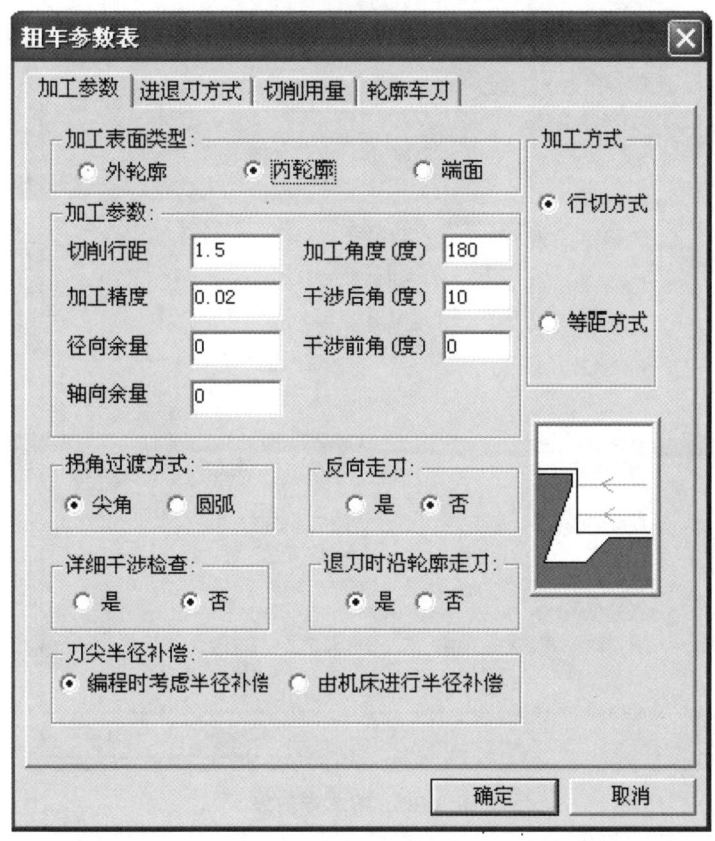

图 3.78　粗车参数表

（2）生成加工轨迹，如图 3.79 所示。

图 3.79　加工轨迹

4．内轮廓精车

（1）参数设定，如图 3.80 所示。

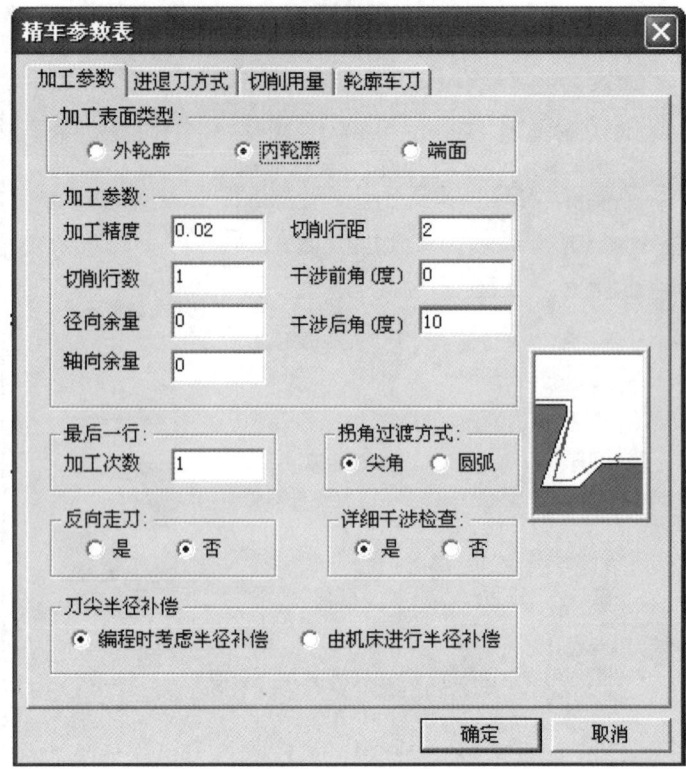

图 3.80 精车参数表

(2) 生成加工轨迹,如图 3.81 所示。

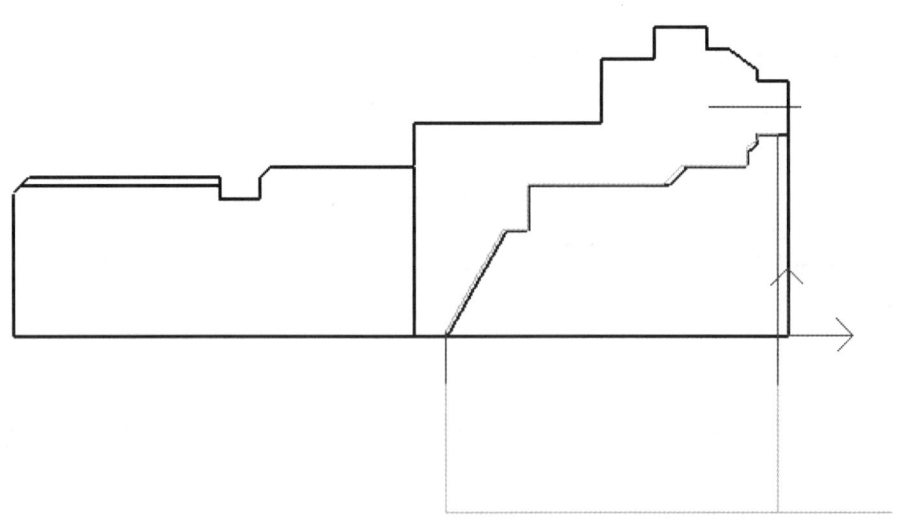

图 3.81 加工轨迹

5. 内轮廓切槽

(1) 参数设定,如图 3.82 所示。

3 典型产品的车削加工

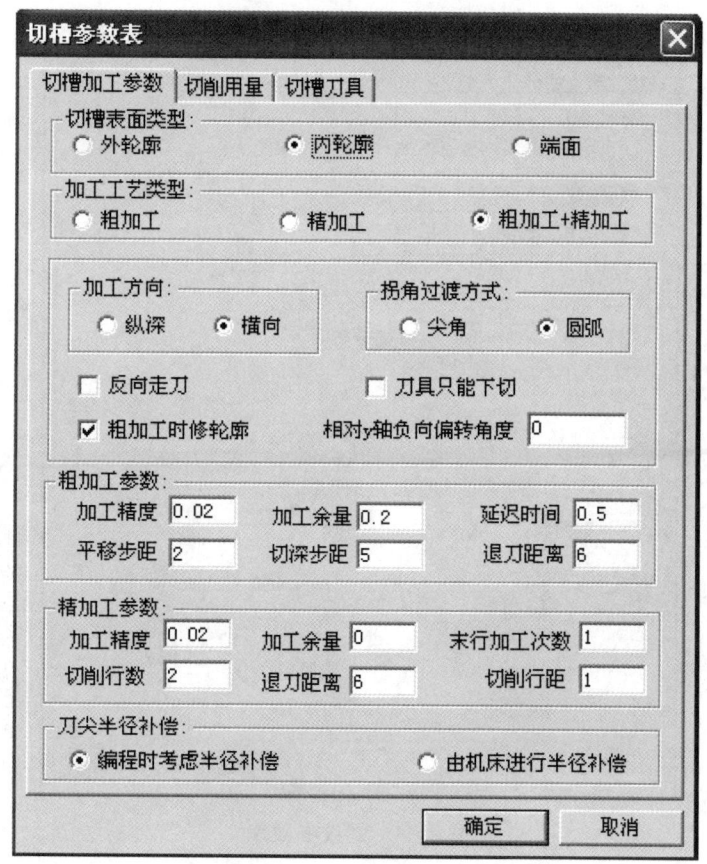

图 3.82 切槽参数表

(2) 生成加工轨迹，如图 3.83 所示。

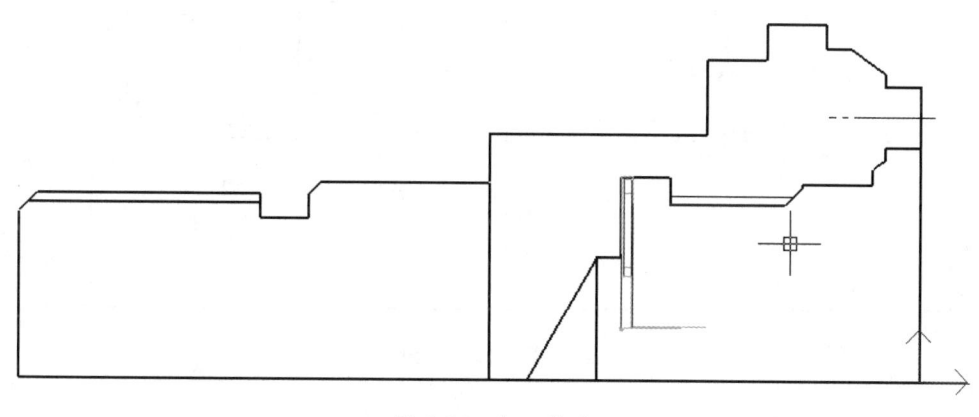

图 3.83 加工轨迹

6. 切内螺纹

(1) 参数设定，如图 3.84 所示。

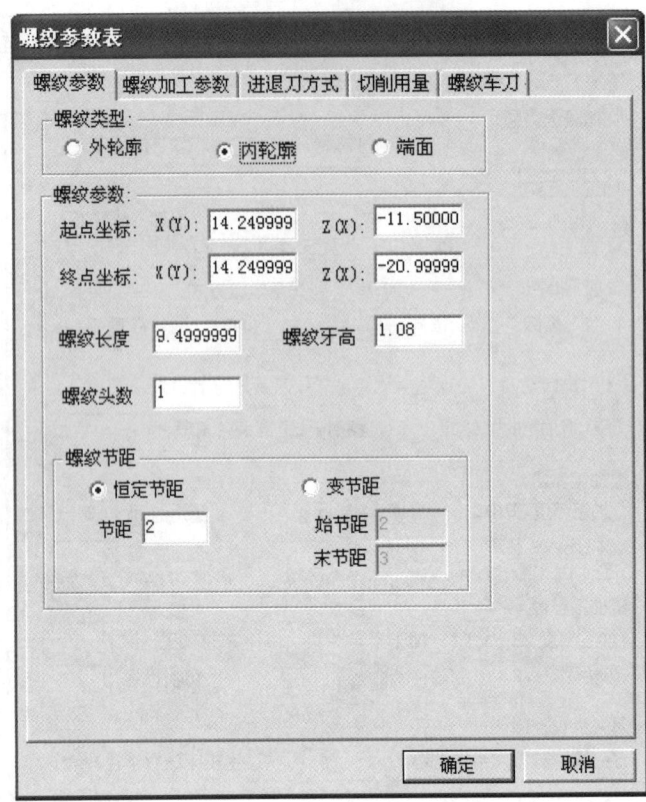

图 3.84　螺纹参数表

（2）生成加工轨迹，如图 3.85 所示。

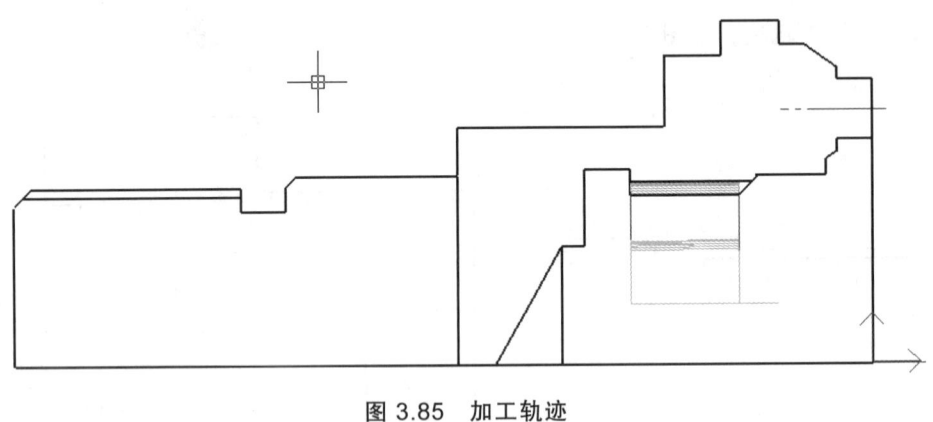

图 3.85　加工轨迹

3.5　零件 5（锥形轴）的车削加工

3.5.1　零件 5（锥形轴）图纸

零件 5 尺寸如图 3.86 所示。

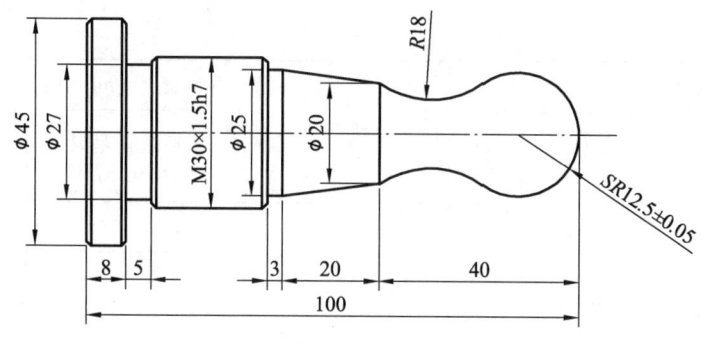

图 3.86 零件 5 尺寸

3.5.2 零件 5（锥形轴）车削工艺

零件 5 车削工艺如表 3.24 所示。

表 3.24 零件 5 车削工艺

工序号	程序编号	夹具名称		使用设备		车间	
		三爪卡盘		CJK6024 数控车床		数控中心	
工步	工步内容	刀具号	刀具规格/mm	主轴转速/(r/min)	进给速度/(mm/min)	背吃刀/mm	备注
1	粗车外表面	T02	25×25	320	150	1	自动
2	精车外表面	T03	25×25	320	100	0.5	自动
3	切退刀槽	T05	20×20	200		B=3	手/自动
4	加工螺纹	T04	20×20	320	1.5（mm/r）		自动
5	切断	T05	20×20	320	80	B=3	手动

3.5.3 零件 5（锥形轴）加工

3.5.3.1 零件加工

1. 粗车加工参数汇总（见表 3.25）

表 3.25 粗车加工参数

刀具参数		快速退刀距离	L = 5 mm
刀具名	93°右手外圆偏刀	切削用量	
刀具号	T02	进退刀快速走刀	否
刀具补偿号	02	接近速度/(mm/min)	50
刀柄长度/mm	120	退刀速度/(mm/min)	50
刀柄宽度/mm	25	进给量/(mm/r)	150
刀角长度/mm	10	主轴转速选项 恒转速/(r/min)	320

刀尖半径/mm	1	主轴转速选项	恒线速度/(m/min)	
刀具前角/(°)	87		主轴最高转速/(r/min)	2 000
刀具后角/(°)	52	样条拟合方式	直线拟合	
轮廓车刀类型	外轮廓车刀		圆弧拟合	
对刀点方式	刀尖尖点		拟合最大半径/mm	999
刀具类型	普通车刀	加工参数		
刀具偏置方向	左偏	加工表面方式	外轮廓	
进退刀方式		加工方式	行切方式	
每行相对毛坯进刀方式	与加工表面成定角	L = 2 mm, A = 45°	加工精度/mm	0.1
	垂直	否	加工余量/mm	0.3
	矢量	否	加工角度/(°)	180
每行相对加工表面进刀方式	与加工表面成定角		切削行距/mm	3
	垂直	是	干涉前角/(°)	0
	矢量		干涉后角/(°)	52
每行相对毛坯退刀方式	与加工表面成定角	L = 2 mm, A = 45°	拐角过度方式	尖角
	垂直	否	反向走刀	否
	矢量	否	详细干涉检查	是
每行相对加工表面退刀方式	与加工表面成定角		退刀沿轮廓走刀	否
	垂直	是	刀尖半径补偿	编程考虑半径补偿
	矢量			

进退刀点：Z = 30 mm，X = 45 mm。

（1）定义毛坯，如图 3.87 所示。

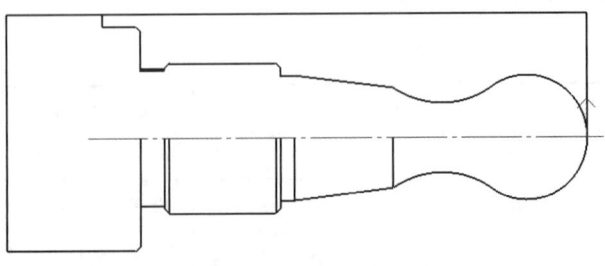

图 3.87 毛坯

（2）粗加工参数设定。参考粗车加工参数汇总表，分别设置"加工参数""进退刀方式""切削用量"和"轮廓车刀"参数，如图 3.88 所示。

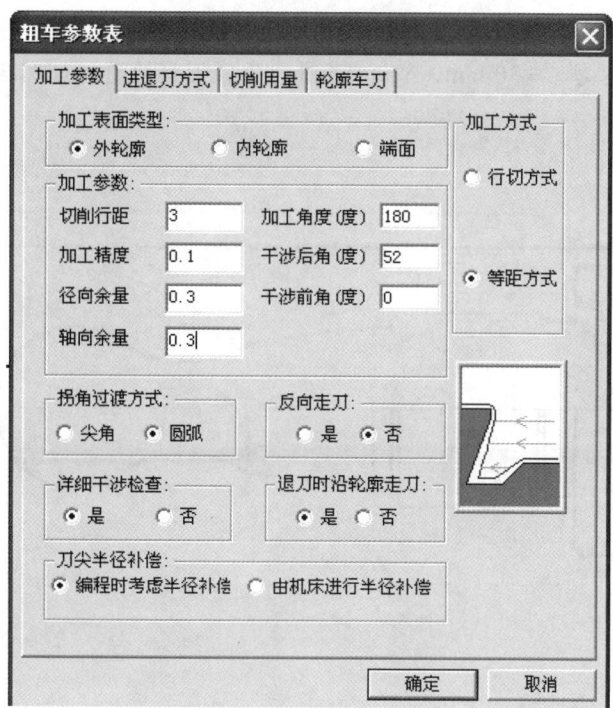

图 3.88 粗车参数表

（3）定义刀具参数，如图 3.89 所示。

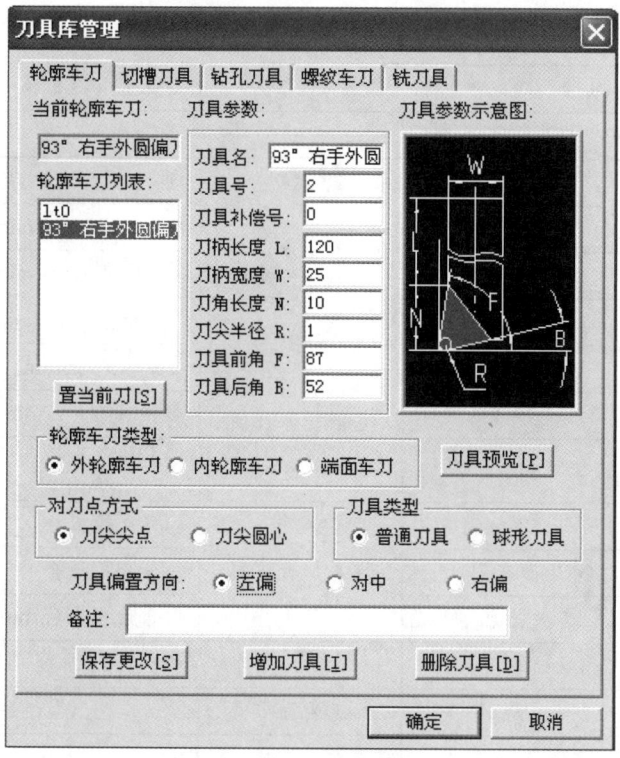

图 3.89 刀具库管理

（4）生成加工轨迹。分别拾取被加工表面和毛坯面（注意被加工表面和毛坯面必须是封闭曲线），切入点坐标为 Z = 30 mm，Y = 45 mm，生成刀具轨迹，如图 3.90 所示。

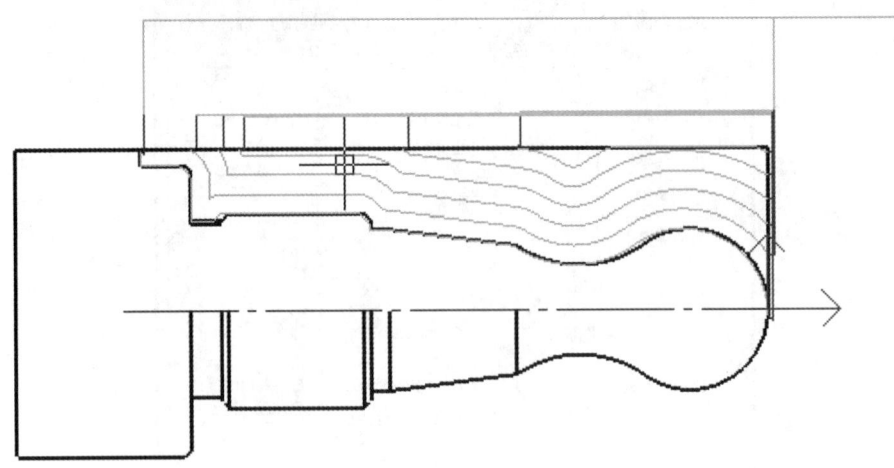

图 3.90　加工轨迹

（5）轨迹仿真。
（6）代码生成。

2. 外轮廓精车

（1）轮廓精车参数汇总（见表 3.26）。

表 3.26　轮廓精车参数

刀具参数		快速退刀距离	L = 5 mm
刀具名	93°右手外圆偏刀	切削用量	
刀具号	T03	进退刀快速走刀	否
刀具补偿号	03	接近速度/(mm/min)	50
刀柄长度/mm	120	速度设定	退刀速度/(mm/min)	50
刀柄宽度/mm	25		进给量/(mm/r)	150
刀角长度/mm	10		恒转速/(r/min)	320
刀尖半径/mm	1	主轴转速选项	恒线速度/(m/min)	
刀具前角/(°)	87		主轴最高转速/(r/min)	2 000
刀具后角/(°)	52	样条拟合方式	直线拟合	
轮廓车刀类型	外轮廓车刀		圆弧拟合	
对刀点方式	刀尖圆点		拟合最大半径/mm	999
刀具类型	普通车刀	加工参数	
刀具偏置方向	左偏	加工表面方式	外轮廓
进退刀方式		加工方式	行切方式

续表

每行相对毛坯进刀方式	与加工表面成定角	L = 2 mm, A = 45°	加工精度/mm	0.01
	垂直	否	加工余量/mm	0
	矢量	否	加工角度/(°)	180
每行相对加工表面进刀方式	与加工表面成定角		切削行距/mm	1
	垂直	是	干涉前角/(°)	0
	矢量		干涉后角/(°)	52
每行相对毛坯退刀方式	与加工表面成定角	L = 2 mm, A = 45°	拐角过度方式	尖角
	垂直	否	反向走刀	否
	矢量	否	详细干涉检查	是
每行相对加工表面退刀方式	与加工表面成定角		退刀沿轮廓走刀	否
	垂直		刀尖半径补偿	编程考虑半径补偿

进退刀点：Z = 30 mm，X = 45 mm。

（2）确定加工参数。点击主菜单"数控车"子菜单区中的"轮廓精车"命令。参考精车加工参数汇总表，分别设置"加工参数""进退刀方式""切削用量"和"轮廓车刀"参数，如图 3.91 所示。

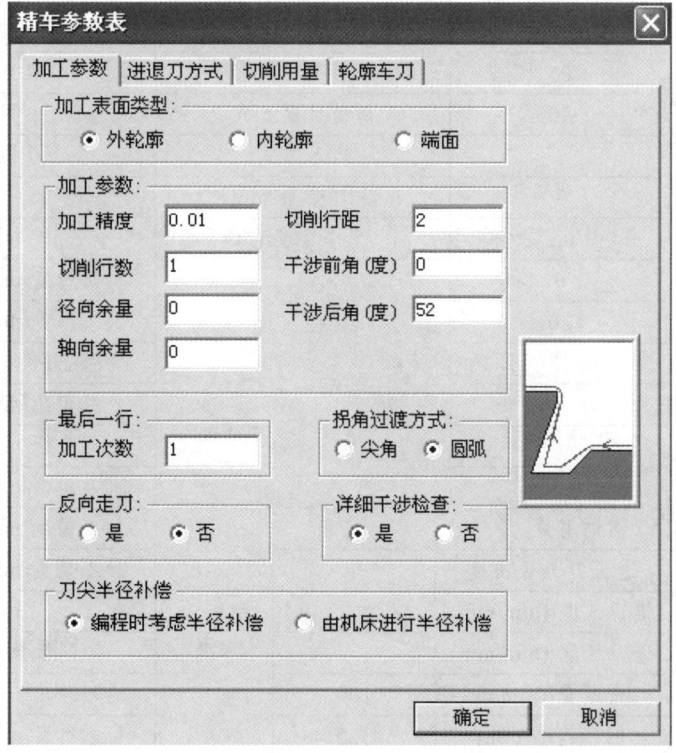

图 3.91 精车参数表

（3）生成加工轨迹，如图3.92所示。

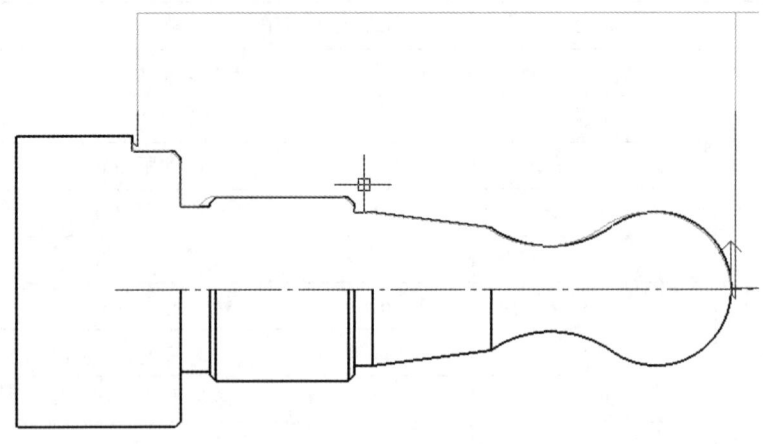

图 3.92　加工轨迹

3. 切　槽

（1）切槽参数汇总（见表3.27）。

表 3.27　切槽参数

刀具参数		槽加工参数	
刀具名称	切断刀	切槽表面类型	外轮廓
刀具号	T05	加工工艺类型	粗加工＋精加工
刀具补偿号	05	加工方向	纵深
刀具长度/mm	30	拐角过渡方式	圆角过渡
刀具宽度/mm	3	切入方式	刀具只向下切
刀具刃宽/mm	3	毛坯余量/mm	0
刀具半径/mm	0.2	选择角度/(°)	0
刀具引角/(°)	6	粗加工参数	加工精度/mm	0.1
刀柄宽度/mm	20		加工余量/mm	0.3
刀具位置/mm	17		延迟时间/s	0.5
编程刀位点	前刀尖		平移步距/mm	2.5
			切深步距/mm	20
			退刀距离/mm	5
切削用量		精加工参数	加工精度/mm	0.01
速度设定	进退刀是否快速	是		加工余量/mm	0
	接近速度/(mm/min)			末行加工次数	1
	退刀速度/(mm/min)			切削行数	1
	进给量/(mm/r)	100		退刀距离/mm	5
主轴转速选项	恒转速/(r/min)	320		切削行距/mm	0.5
	恒线速度/(m/min)		刀尖编程补偿	编程考虑刀尖补偿	
	最高转速/(r/min)	2 000			

切入切出点：Z = 85 mm，Y = 45 mm。

（2）参数设置，如图 3.93 所示。

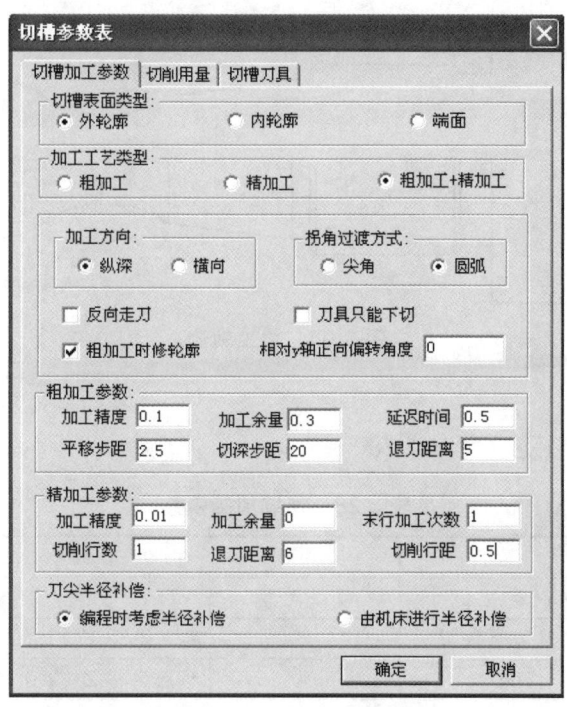

图 3.93　切槽参数表

（3）刀具设置，如图 3.94 所示。

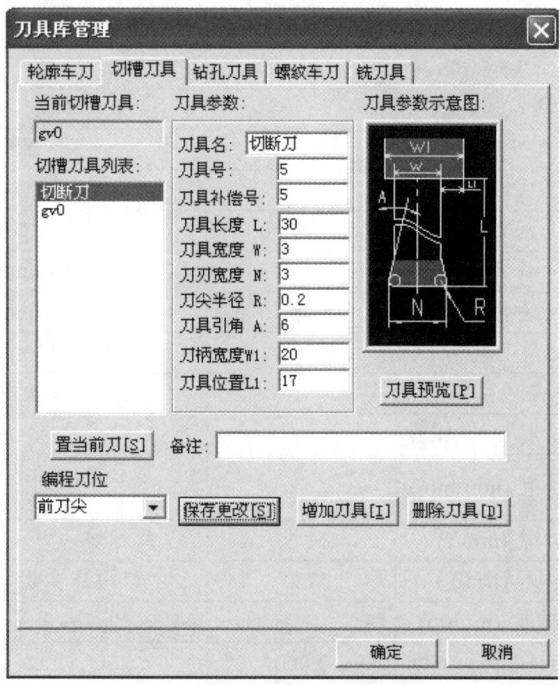

图 3.94　刀具库管理

(4)轨迹生成,如图 3.95 所示。

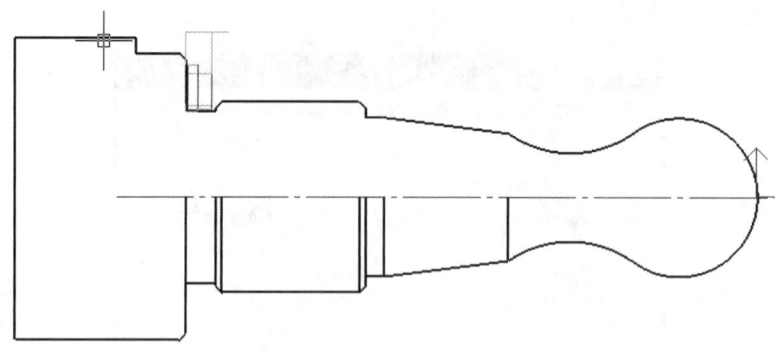

图 3.95 加工轨迹

4. 切螺纹

(1)螺纹加工参数汇总(见表 3.28)。

表 3.28 螺纹加工参数

刀具参数		螺纹参数	
刀具种类	米制螺纹刀	螺纹类型	外螺纹
刀具名称	60°普通螺纹刀	起点坐标 X(Y)/mm	15
刀具号	T04	起点坐标 Z(X)/mm	−63
刀具补偿号	04	终点坐标 X(Y)/mm	15
刀柄长度/mm	100	终点坐标 Z(X)/mm	−87
刀柄宽度/mm	20	螺纹长度/mm	28
刀刃长度/mm	15	螺牙高度/mm	0.974
刀尖宽度/mm	0.5	螺纹头数	1
刀具角度/(°)	60	螺纹节距	恒定节距 1.5 mm
进退刀方式		螺纹加工参数	
粗加工进刀方式	垂直	加工工艺类型	粗加工+精加工
粗加工退刀方式	垂直 快退距离 10 mm	末行走刀次数	1
精加工进刀方式	垂直	螺纹总深/mm	0.974
精加工退刀方式	垂直 快退距离 10 mm	粗加工深度/mm	0.9
切削用量		精加工深度/mm	0.074
速度设定	进退刀是否快速 是	粗加工参数	
	接近速度/(mm/min)	每行切入用量	恒定切入面积 第一刀行距 0.4 mm, 最小行距 0.2 mm
	退刀速度/(mm/min)		
	进刀量/(mm/r) 1.5	每行切入方式	沿牙槽中心线
主轴转速选项	恒转速/(r/min) 320	精加工参数	
	恒线速度/(m/min)	每行切入用量	恒定行距 0.074 mm
	主轴转速限制/(r/min) 2 000	每行切入方式	沿牙槽中心线
样条拟合方式	直线拟合		

切入切出点：Z = – 60 mm，Y = 45 mm。

（2）螺纹加工参数设定。参考螺纹加工参数汇总表，分别设置"螺纹参数""螺纹加工参数""进退刀方式""切削用量"和"螺纹车刀"等参数，如图 3.96 所示。

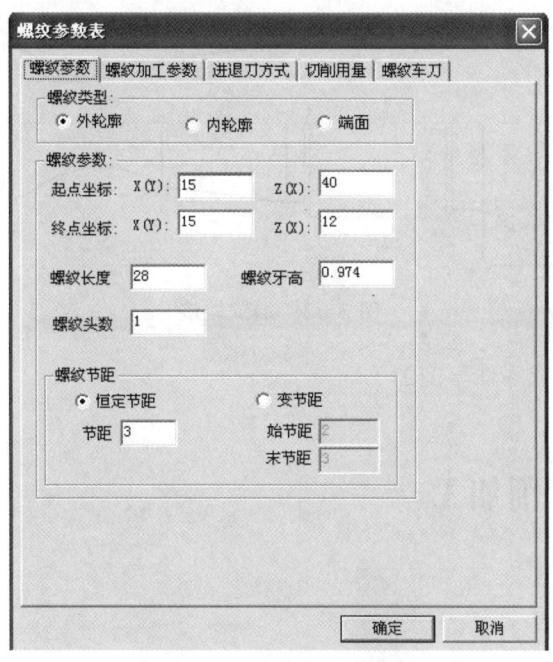

图 3.96　螺纹参数表

（3）刀具设定，如图 3.97 所示。

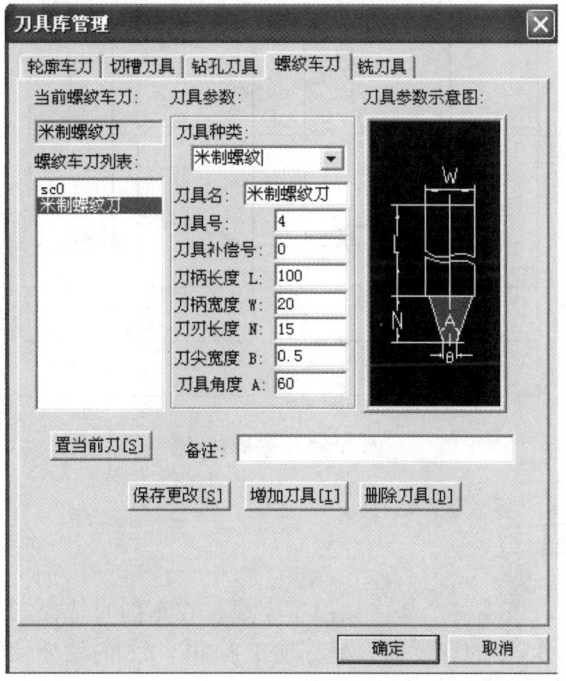

图 3.97　刀具库管理

（4）生成刀具轨迹，如图 3.98 所示。

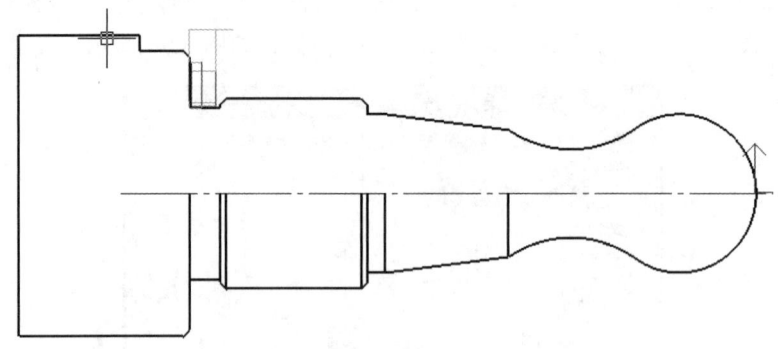

图 3.98　加工轨迹

（5）最后切断，完成零件车削加工。

3.6　零件 6 的车削加工

3.6.1　零件 6 图纸

零件 6 尺寸如图 3.99 所示。

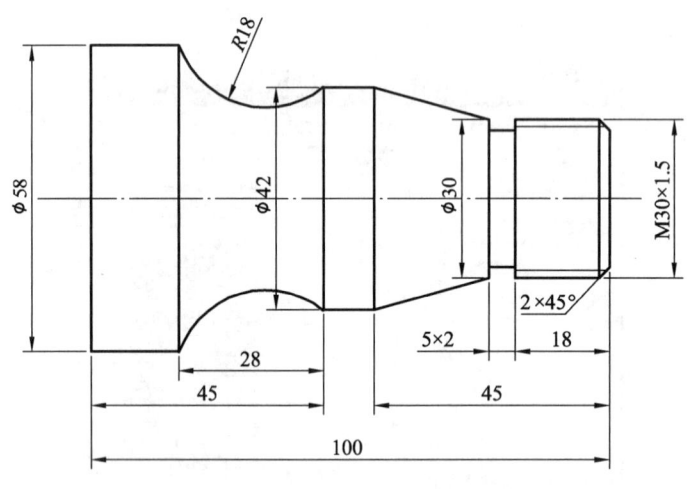

图 3.99　零件尺寸

3.6.2　零件 6 车削工艺

根据加工工艺要求，该零件全部由数控车完成，在车削时选择三爪卡盘装夹，先加工零件的外轮廓部分，切削 5×2 的螺纹退刀槽，加工 M30×1.5 的细牙螺纹。零件 6 车削工艺如表 3.29 所示。

表 3.29　零件 6 车削工艺

工序号	程序编号	夹具名称		使用设备		车间	
		三爪卡盘		CJK6024 数控车床		数控中心	
工步	工步内容	刀具号	刀具规格/mm	主轴转速/(r/min)	进给速度/(mm/min)	背吃刀/mm	备注
1	粗车外表面	T02	25×25	320	150	1	自动
2	精车外表面	T03	25×25	320	100	0.5	自动
3	切退刀槽	T05	20×20	200		B=3	手/自动
4	加工螺纹	T04	20×20	320	1.5（mm/r）		自动
5	切断	T05	20×20	320	80	B=3	手动

3.6.3　零件 6 加工

1. 粗车加工

（1）定义毛坯，如图 3.100 所示。

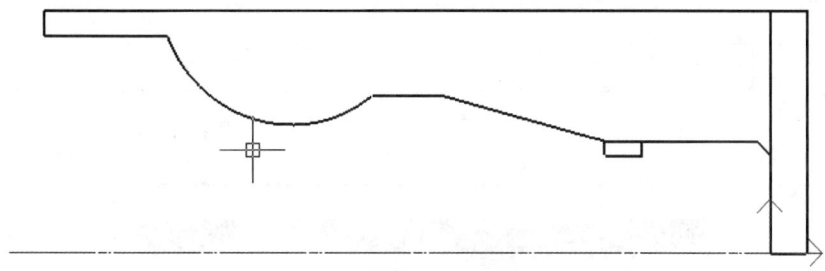

图 3.100　毛坯

（2）确定加工参数，如表 3.30 和图 3.101 所示。

表 3.30　粗车加工参数

刀具参数		快速退刀距离	L=5 mm
刀具名	93°右手外圆偏刀	切削用量	
刀具号	T02	进退刀快速走刀	否
刀具补偿号	02	速度设定	接近速度/(mm/min)	50
刀柄长度/mm	120		退刀速度/(mm/min)	50
刀柄宽度/mm	25		进给量/(mm/r)	150
刀角长度/mm	10	主轴转速选项	恒转速/(r/min)	320
刀尖半径/mm	1		恒线速度/(m/min)	
刀具前角/(°)	87		主轴最高转速/(r/min)	2 000

续表

刀具后角/(°)	52	样条拟合方式	直线拟合	
轮廓车刀类型	外轮廓车刀		圆弧拟合	
对刀点方式	刀尖尖点		拟合最大半径/mm	999
刀具类型	普通车刀	加工参数		
刀具偏置方向	左偏	加工表面方式	外轮廓	
	进退刀方式	加工方式	行切方式	
每行相对毛坯进刀方式	与加工表面成定角	L=2 mm,A=45°	加工精度/mm	0.1
	垂直	否	加工余量/mm	0.3
	矢量	否	加工角度/(°)	180
每行相对加工表面进刀方式	与加工表面成定角		切削行距/mm	3
	垂直	是	干涉前角/(°)	0
	矢量		干涉后角/(°)	52
每行相对毛坯退刀方式	与加工表面成定角	L=2 mm,A=45°	拐角过度方式	尖角
	垂直	否	反向走刀	否
	矢量	否	详细干涉检查	是
每行相对加工表面退刀方式	与加工表面成定角		退刀沿轮廓走刀	否
	垂直	是	刀尖半径补偿	编程考虑半径补偿
	矢量			

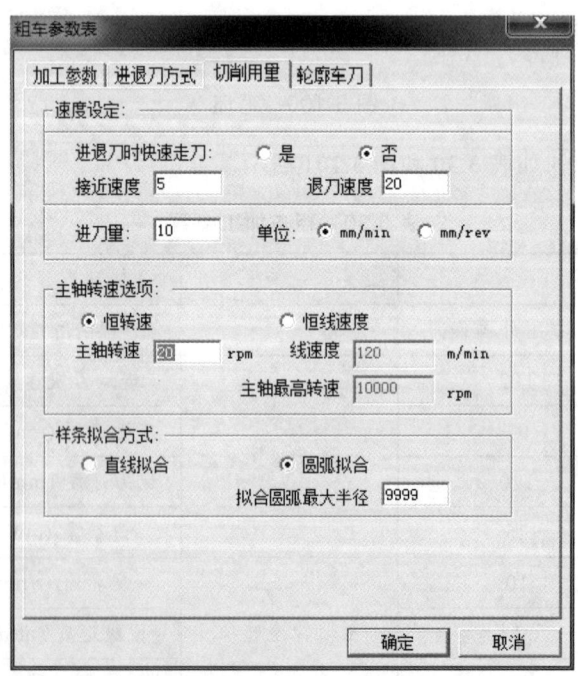

图 3.101 粗车参数表

（3）生成加工轨迹，如图3.102所示。

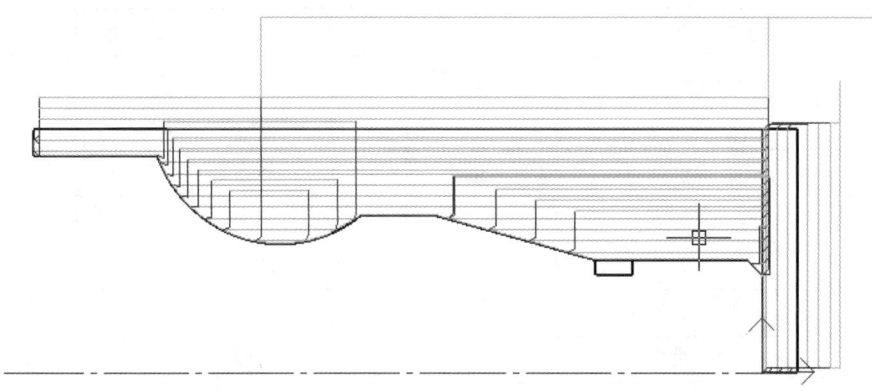

图3.102 加工轨迹

（4）轨迹仿真。

（5）代码生成。

2. 精　车

（1）确定加工参数，如表3.31和图103所示。

表3.31 精车加工参数

刀具参数		快速退刀距离	L＝5 mm
刀具名	93°右手外圆偏刀	切削用量	
刀具号	T03	进退刀快速走刀	否
刀具补偿号	03	接近速度/(mm/min)	50
刀柄长度/mm	120	退刀速度/(mm/min)	50
刀柄宽度/mm	25	进给量/(mm/r)	150
刀角长度/mm	10	恒转速/(r/min)	320
刀尖半径/mm	1	恒线速度/(m/min)	
刀具前角/(°)	87	主轴最高转速/(r/min)	2 000
刀具后角/(°)	52	直线拟合	
轮廓车刀类型	外轮廓车刀	圆弧拟合	
对刀点方式	刀尖尖点	拟合最大半径/mm	999
刀具类型	普通车刀	加工参数	
刀具偏置方向	左偏	加工表面方式	外轮廓
进退刀方式		加工方式	行切方式
每行相对毛坯进刀方式	与加工表面成定角	L＝2 mm，A＝45°	加工精度/mm	0.1
	垂直	否	加工余量/mm	0.3
	矢量	否	加工角度/(°)	180

续表

每行相对加工表面进刀方式	与加工表面成定角		切削行距/mm	3	
	垂直	是	干涉前角/(°)	0	
	矢量		干涉后角/(°)	52	
每行相对毛坯退刀方式	与加工表面成定角	L=2 mm，A=45°	拐角过渡方式	尖角	
	垂直	否	反向走刀	否	
	矢量	否	详细干涉检查	是	
每行相对加工表面退刀方式	与加工表面成定角		退刀沿轮廓走刀	否	
	垂直	是	刀尖半径补偿	编程考虑半径补偿	
	矢量				

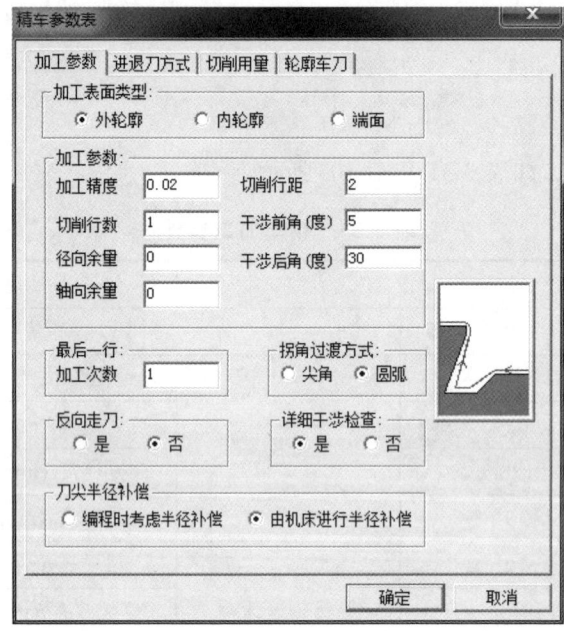

图 3.103 精车参数表

（2）生成加工轨迹，如图 3.104 所示。

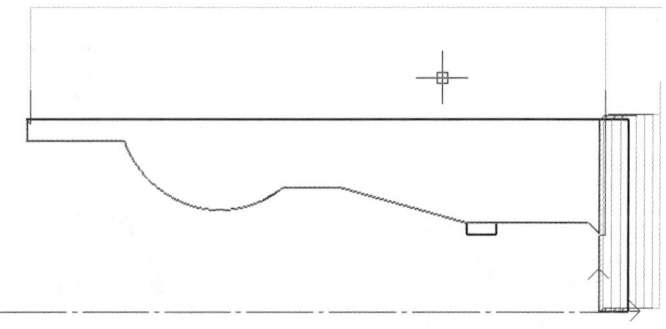

图 3.104 加工轨迹

3. 切 槽

（1）参数设置，如表 3.32 和图 3.105 所示。

表 3.32　切槽加工参数

刀具参数		槽加工参数	
刀具名称	切断刀	切槽表面类型	外轮廓
刀具号	T05	加工工艺类型	粗+精加工
刀具补偿号	05	加工方向	纵深
刀具长度/mm	30	拐角过度方式	圆角过度
刀具宽度/mm	3	切入方式	刀具只向下切
刀具刃宽/mm	3	毛坯余量/mm	0
刀具半径/mm	0.2	选择角度/(°)	0
刀具引角/(°)	6	粗加工参数	加工精度/mm	0.1
刀柄宽度/mm	20		加工余量/mm	0.3
刀具位置/mm	17		延迟时间/s	0.5
编程刀位点	前刀尖		平移步距/mm	2.5
			切深步距/mm	20
			退刀距离/mm	5
切削用量		精加工参数	加工精度/mm	0.01
速度设定	进退刀是否快速	是		加工余量/mm	0
	接近速度/(mm/min)			末行加工次数	1
	退刀速度/(mm/min)			切削行数	1
	进给量/(mm/r)	100		退刀距离/mm	5
主轴转速选项	恒转速/(r/min)	320		切削行距/mm	0.5
	恒线速度/(mm/min)		刀尖编程补偿	编程考虑刀尖补偿	
	最高转速/(r/min)	2 000			

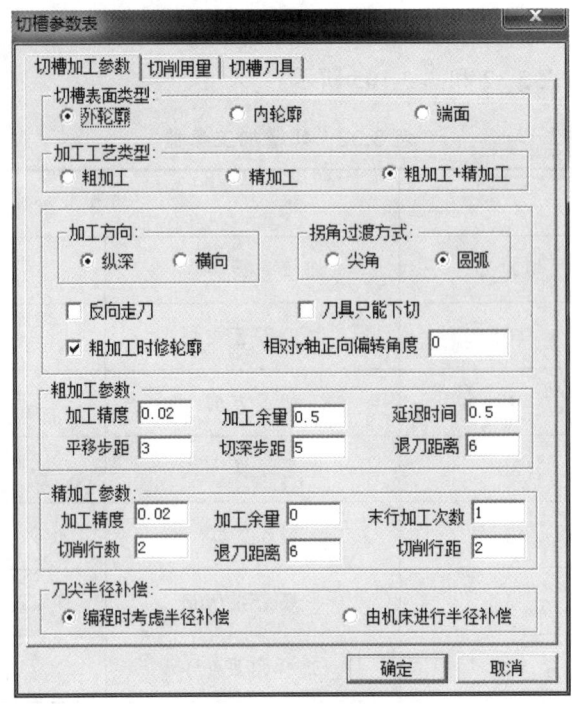

图 3.105 切槽参数表

(2) 轨迹生成,如图 3.106 所示。

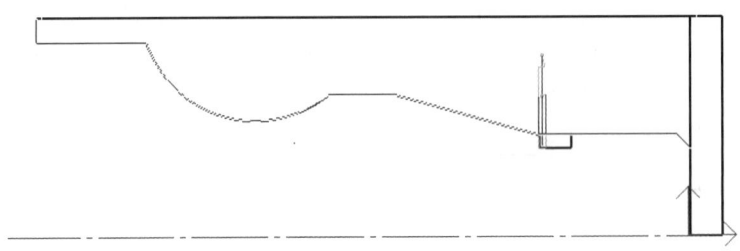

图 3.106 加工轨迹

4. 切螺纹

(1) 参数设置,如表 3.33 和图 3.107 所示。

表 3.33 螺纹加工参数

刀具参数		螺纹参数	
刀具种类	米制螺纹刀	螺纹类型	外螺纹
刀具名称	60° 普通螺纹刀	起点坐标 X(Y)/mm	7.5
刀具号	T04	起点坐标 Z(X)/mm	0
刀具补偿号	04	终点坐标 X(Y)/mm	7.5
柄长度/mm	100	终点坐标 Z(X)/mm	−11
刀柄宽度/mm	20	螺纹长度/mm	11

续表

刀具参数		螺纹参数	
刀具种类	米制螺纹刀	螺纹类型	外螺纹
刀刃长度/mm	15	螺牙高度/mm	0.974
刀尖宽度/mm	0.5	螺纹头数	1
刀具角度/(°)	60	螺纹节距	恒定节距 1.5 mm
进退刀方式		螺纹加工参数	
粗加工进刀方式	垂直	加工工艺类型	粗加工+精加工
粗加工退刀方式	垂直 快退距离 10 mm	末行走刀次数	1
精加工进刀方式	垂直	螺纹总深/mm	0.974
精加工退刀方式	垂直 快退距离 10 mm	粗加工深度/mm	0.9
切削用量		精加工深度/mm	0.074
速度设定	进退刀是否快速	是	粗加工参数
	接近速度/(mm/min)		每行切入用量	恒定切入面积 第一刀行距 0.4 mm, 最小行距 0.2 mm
	退刀速度/(mm/min)			
	进刀量/(mm/r)	1.5	每行切入方式	沿牙槽中心线
主轴转速选项	恒转速/(r/min)	320	精加工参数	
	恒线速度/(m/min)		每行切入用量	恒定行距 0.074 mm
	主轴转速限制/(r/min)	2 000	每行切入方式	沿牙槽中心线
样条拟合方式	直线拟合			

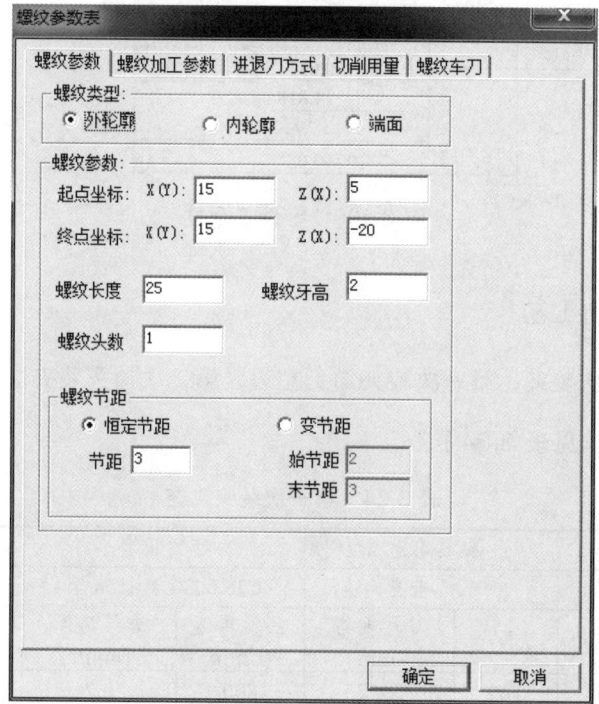

图 3.107　螺纹参数表

（2）轨迹生成，如图3.108所示。

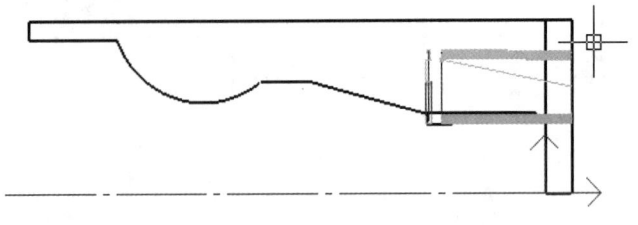

图 3.108　加工轨迹

3.7　零件7（锥形轴）的车削加工

3.7.1　零件7图纸

零件7尺寸如图3.109所示。

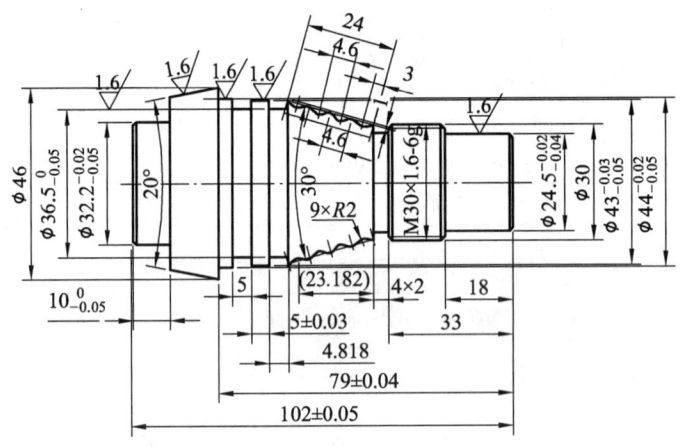

图 3.109　零件7尺寸

3.7.2　零件7车削工艺

本零件加工分2次装夹，第一次装夹加工左边，第二次掉头装夹。

1. 第一次装夹（见表3.34）

表 3.34　第一次装夹工艺

工序号	程序编号	夹具名称		使用设备		车间	
		三爪卡盘		CJK6024数控车床		数控中心	
工步	工步内容	刀具号	刀具规格/mm	主轴转速/(r/min)	进给速度/(mm/r)	余量/mm	备注
1	粗车外表面	T02	25×25	800	0.2	0.3	自动
2	精车外表面	T03	25×25	1 200	0.15	0	自动

2. 第二次装夹（见表 3.35）

表 3.35 第二次装夹工艺

工序号	程序编号	夹具名称		使用设备		车间	
		三爪卡盘		CJK6024 数控车床		数控中心	
工步	工步内容	刀具号	刀具规格/mm	主轴转速/(r/min)	进给速度/(mm/min)	背吃刀/mm	备注
1	粗车外表面	T02	25×25	800	0.2	0.3	自动
2	精车外表面	T03	25×25	1 200	0.15	0	自动
3	切退刀槽	T05	20×20	800	0.2	0	手/自动
4	加工螺纹	T04	20×20	300	0.2	0	自动

3.7.3 零件 7 加工

3.7.3.1 零件第一次装卡加工

1. 粗车外表面

（1）粗加工参数（见表 3.36）。

表 3.36 粗加工参数

刀具参数			快速退刀距离	L = 5 mm
刀具名	93° 右手外圆偏刀	切削用量		
刀具号	T02	速度设定	进退刀快速走刀	否
刀具补偿号	02		接近速度/(mm/min)	5
刀柄长度/mm	120		退刀速度/(mm/min)	5
刀柄宽度/mm	25		进给量/(mm/r)	0.2
刀角长度/mm	10	主轴转速选项	恒转速/(r/min)	800
刀尖半径/mm	1		恒线速度/(m/min)	
刀具前角/(°)	87		主轴最高转速/(r/min)	2 000
刀具后角/(°)	52	样条拟合方式	直线拟合	
轮廓车刀类型	外轮廓车刀		圆弧拟合	
对刀点方式	刀尖尖点		拟合最大半径/mm	999
刀具类型	普通车刀	加工参数		
刀具偏置方向	左偏	加工表面方式	外轮廓	
进退刀方式		加工方式	行切方式	
每行相对毛坯进刀方式	与加工表面成定角	L = 2 mm，A = 45°	加工精度/mm	0.1
	垂直	否	加工余量/mm	0.4
	矢量	否	加工角度/(°)	180

续表

每行相对加工表面进刀方式	与加工表面成定角		切削行距/mm	3.5
	垂直	是	干涉前角/(°)	0
	矢量		干涉后角/(°)	50
每行相对毛坯退刀方式	与加工表面成定角	L = 2 mm，A = 45°	拐角过度方式	尖角
	垂直	否	反向走刀	否
	矢量	否	详细干涉检查	是
每行相对加工表面退刀方式	与加工表面成定角		退刀沿轮廓走刀	否
	垂直	是	刀尖半径补偿	编程考虑半径补偿
	矢量			

进退刀点：Z = 5 mm，X = 30 mm。

（2）定义毛坯，如图 3.110 所示。

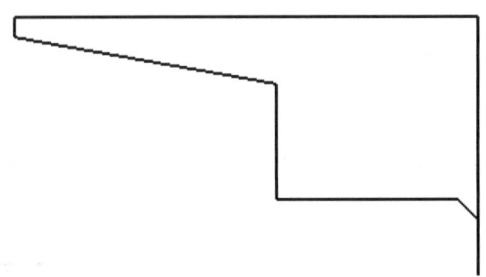

图 3.110　毛坯

（3）根据粗加工参数表，确定加工参数，如图 3.111 所示。

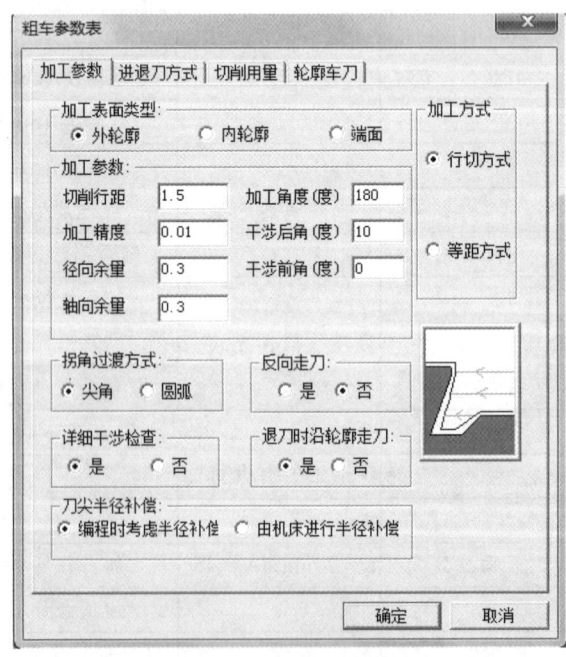

图 3.111　粗车参数表

（4）定义刀具，如图 3.112 所示。

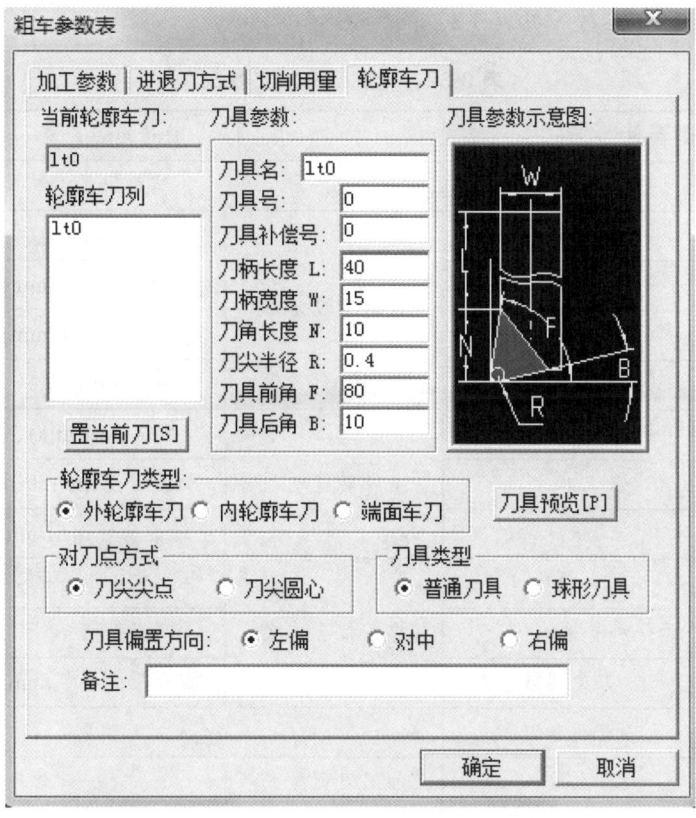

图 3.112　轮廓车刀

（5）轨迹生成，如图 3.113 所示。

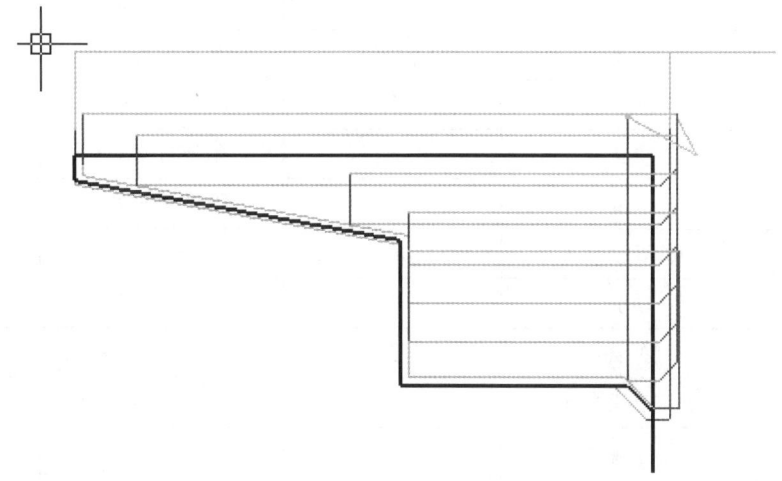

图 3.113　加工轨迹

（6）轨迹仿真。
（7）代码生成。

2. 精车

(1) 轮廓精车加工参数（见表 3.37）

表 3.37 轮廓精车加工参数

刀具参数		快速退刀距离	L = 5 mm
刀具名	93°右手外圆偏刀	切削用量	
刀具号	T03	进退刀快速走刀	否
刀具补偿号	03	接近速度/(mm/min)	5
刀柄长度/mm	120	退刀速度/(mm/min)	5
刀柄宽度/mm	25	进给量/(mm/r)	0.15
刀角长度/mm	10	恒转速/(r/min)	1200
刀尖半径/mm	1	恒线速度/(m/min)	
刀具前角/(°)	87	主轴最高转速/(r/min)	2 000
刀具后角/(°)	52	直线拟合	
轮廓车刀类型	外轮廓车刀	圆弧拟合	
对刀点方式	刀尖圆点	拟合最大半径/mm	999
刀具类型	普通车刀	加工参数	
刀具偏置方向	左偏	加工表面方式	外轮廓
进退刀方式		加工方式	行切方式
每行相对毛坯进刀方式	与加工表面成定角	L = 2 mm，A = 45°	加工精度/mm	0.01

	进退刀/加工参数	值1	值2

每行相对毛坯进刀方式	垂直	否	加工余量/mm	0
	矢量	否	加工角度/(°)	180
每行相对加工表面进刀方式	与加工表面成定角		切削行距/mm	1
	垂直	是	干涉前角/(°)	0
	矢量		干涉后角/(°)	50
每行相对毛坯退刀方式	与加工表面成定角	L = 2 mm，A = 45°	拐角过度方式	尖角
	垂直	否	反向走刀	否
	矢量	否	详细干涉检查	是
每行相对加工表面退刀方式	与加工表面成定角		退刀沿轮廓走刀	否
	垂直		刀尖半径补偿	编程考虑半径补偿

进退刀点：Z = 5 mm，X = 30 mm。

（2）根据精加工参数表，确定加工参数，如图 3.114 所示。

3 典型产品的车削加工

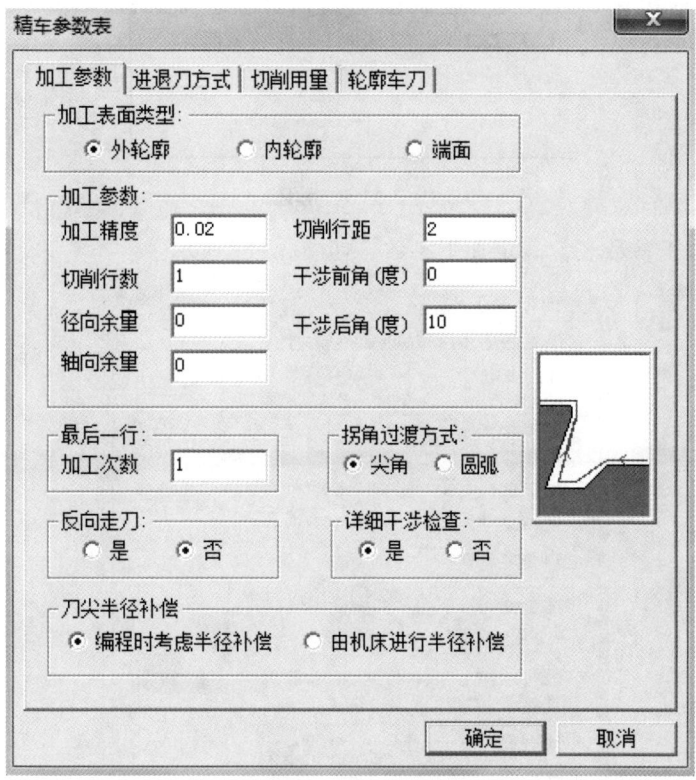

图 3.114 精车参数表

（3）生成加工轨迹，如图 3.115 所示。

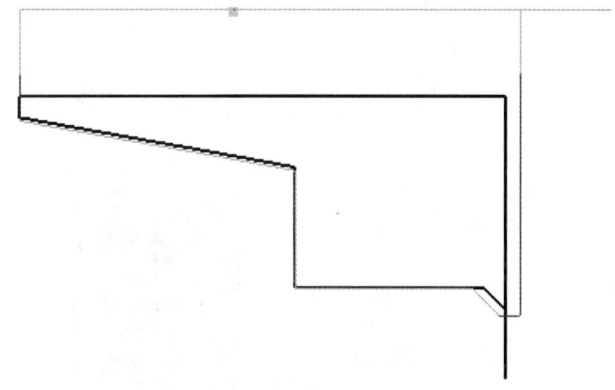

图 3.115 加工轨迹

（4）轨迹仿真。

（5）生成 G 代码。

3.7.3.2 零件掉头第二次装卡加工

1. 粗车外表面

（1）毛坯轮廓，如图 3.116 所示。

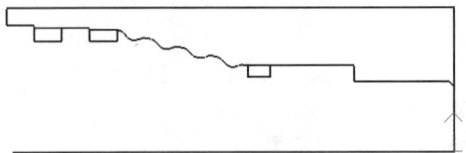

图 3.116 毛坯

（2）根据粗加工参数表，确定加工参数，如图 3.117 所示。

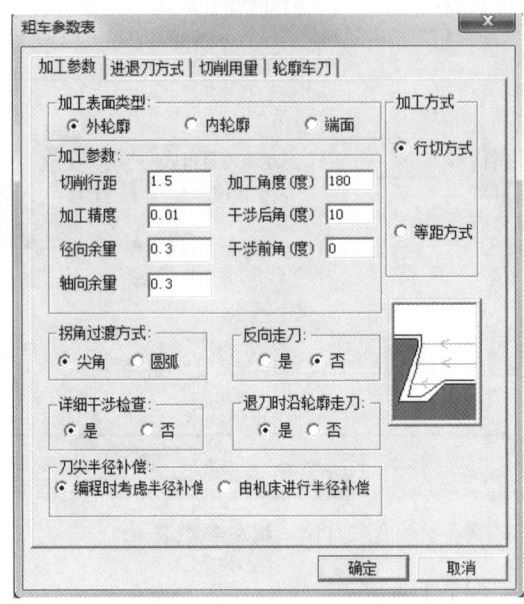

图 3.117 粗车参数表

（3）定义刀具，如图 3.118 所示。

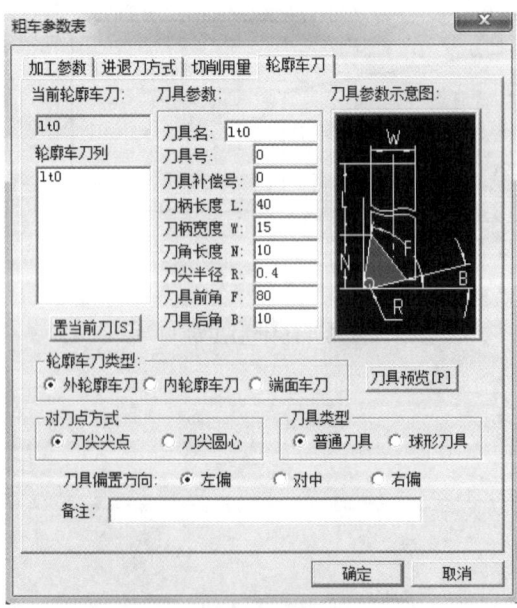

图 3.118 轮廓车刀

（4）轨迹生成，如图3.119所示。

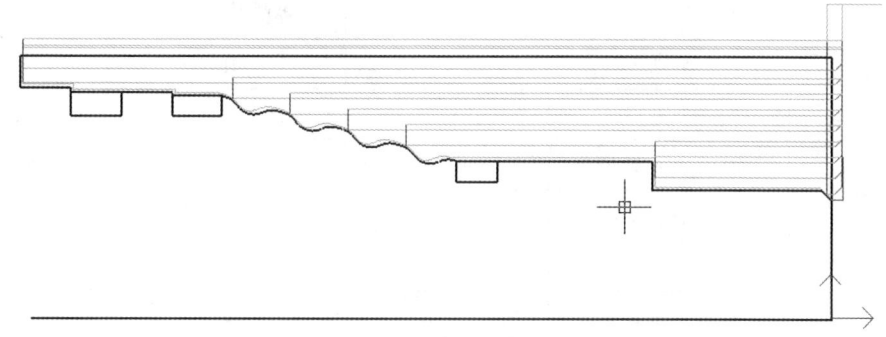

图3.119　加工轨迹

（5）轨迹仿真。
（6）生成G代码。

2．精　车

（1）精车加工参数（见表3.38）。

表3.38　精车加工参数

刀具参数		快速退刀距离	L = 5 mm
刀具名	93°右手外圆偏刀	切削用量	
刀具号	T03	进退刀快速走刀	否
刀具补偿号	03	速度设定	接近速度/(mm/min)	5
刀柄长度/mm	120		退刀速度/(mm/min)	5
刀柄宽度/mm	25		进给量/(mm/r)	0.15
刀角长度/mm	10	主轴转速选项	恒转速/(r/min)	1 200
刀尖半径/mm	1		恒线速度/(m/min)	
刀具前角/(°)	87		主轴最高转速/(r/min)	2 000
刀具后角/(°)	52	样条拟合方式	直线拟合	
轮廓车刀类型	外轮廓车刀		圆弧拟合	
对刀点方式	刀尖圆点		拟合最大半径/mm	999
刀具类型	普通车刀	加工参数	
刀具偏置方向	左偏	加工表面方式	外轮廓
进退刀方式		加工方式	行切方式
每行相对毛坯进刀方式	与加工表面成定角	L = 2 mm，A = 45°	加工精度/mm	0.01
	垂直	否	加工余量/mm	0
	矢量	否	加工角度/(°)	180

续表

每行相对加工表面进刀方式	与加工表面成定角		切削行距/mm	1
	垂直	是	干涉前角/(°)	0
	矢量		干涉后角/(°)	50
每行相对毛坯退刀方式	与加工表面成定角	L = 2 mm，A = 45°	拐角过度方式	尖角
	垂直	否	反向走刀	否
	矢量	否	详细干涉检查	是
每行相对加工表面退刀方式	与加工表面成定角		退刀沿轮廓走刀	否
	垂直		刀尖半径补偿	编程考虑半径补偿

进退刀点：Z = 5 mm，X = 30 mm。

（2）根据精车加工参数汇总表，设置精车参数，如图 3.120 所示。

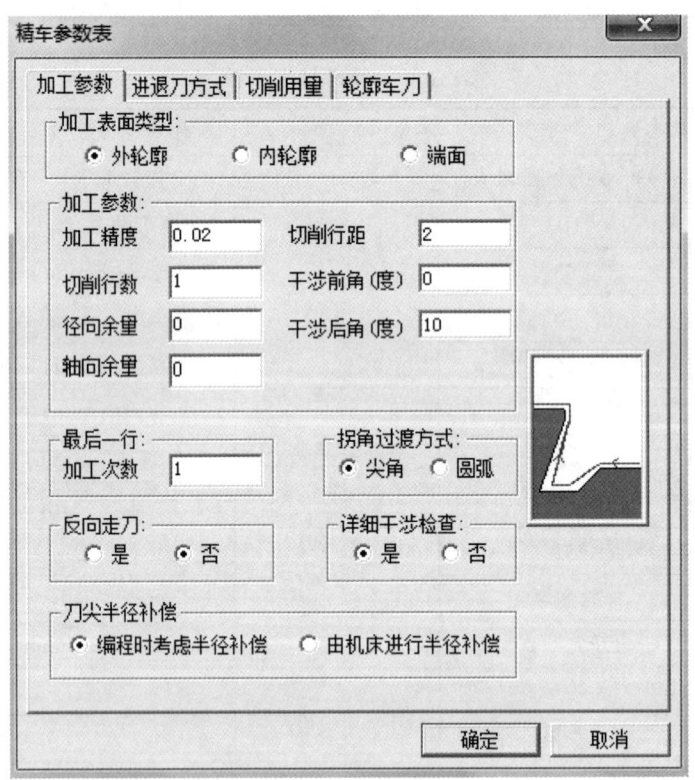

图 3.120 精车参数表

（3）轨迹生成，如图 3.121 所示。

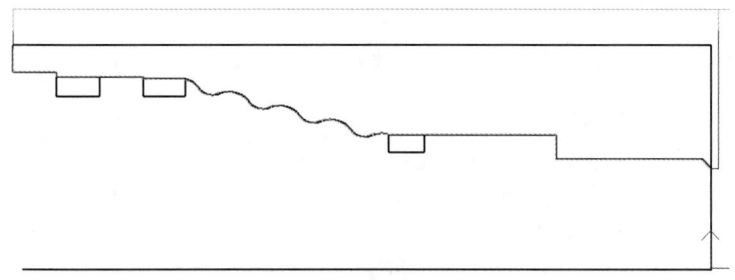

图 3.121 加工轨迹

（4）轨迹仿真。

（5）生成 G 代码。

3. 切　槽

（1）切槽参数设置汇总（见表 3.39）。

表 3.39　切槽参数

刀具参数		槽加工参数		
刀具名称	切断刀	切槽 表面类型		外轮廓
刀具号	T05	加工工艺类型		粗加工 + 精加工
刀具补偿号	05	加工方向		纵深
刀具长度/mm	30	拐角过度方式		圆角过度
刀具宽度/mm	3	切入方式		刀具只向下切
刀具刃宽/mm	3	毛坯余量/mm		0
刀具半径/mm	0.2	选择角度/(°)		0
刀具引角/(°)	6	粗加工参数	加工精度/mm	0.1
刀柄宽度/mm	20		加工余量/mm	0.3
刀具位置	17		延迟时间/s	0.5
编程刀位点	前刀尖		平移步距/mm	2.5
			切深步距/mm	20
			退刀距离/mm	5
切削用量		精加工参数	加工精度/mm	0.01
速度设定	进退刀是否快速	是	加工余量/mm	0
	接近速度/(mm/min)		末行加工次数	1
	退刀速度/(mm/min)		切削行数	1
	进给量/(mm/r)	0.15	退刀距离/mm	5
主轴转速选项	恒转速(r/min)	800	切削行距/mm	0.5
	恒线速度/(m/min)		刀尖编程补偿	编程考虑刀尖补偿
	最高转速(r/min)	2 000		

切入切出点：Z = 5 mm，Y = 30 mm。

（2）根据切槽参数设置汇总表，设置切槽参数，如图 3.122 所示。

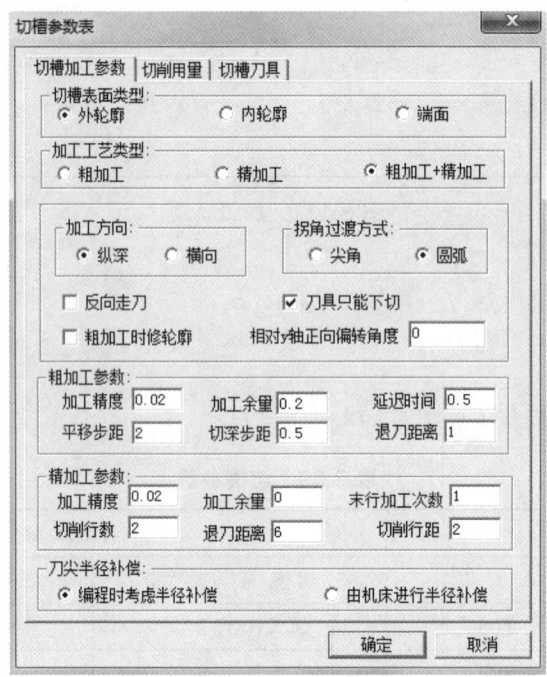

图 3.122　切槽参数表

（3）刀具设置，如图 3.123 所示。

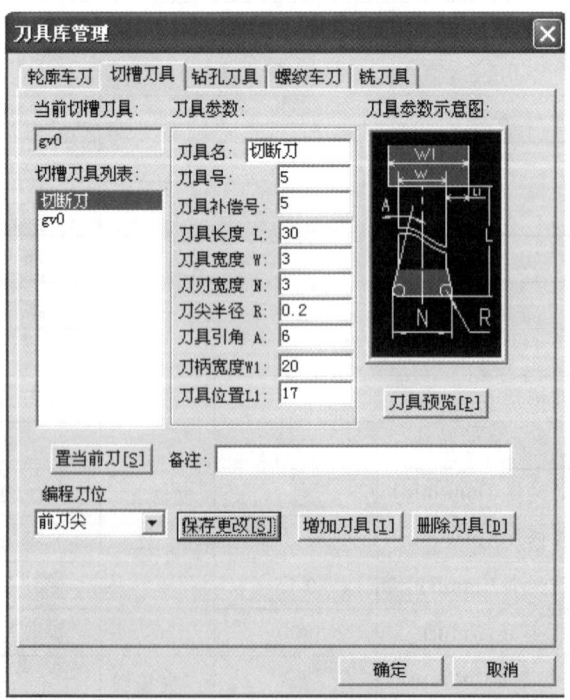

图 3.123　刀具库管理

(4)轨迹生成,如图 3.124 所示。

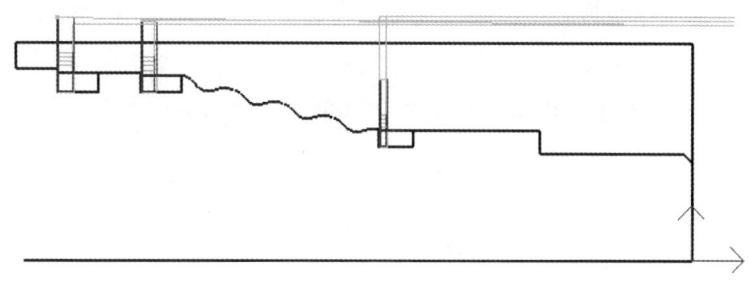

图 3.124 加工轨迹

(5)轨迹仿真。

(6)生成 G 代码。

4. 螺纹加工

(1)螺纹加工参数设置(见表 3.40)。

表 3.40 螺纹加工参数

刀具参数		螺纹参数		
刀具种类	米制螺纹刀	螺纹类型	外螺纹	
刀具名称	60°普通螺纹刀	起点坐标 X(Y)/mm	15	
刀具号	T04	起点坐标 Z(X)/mm	-63	
刀具补偿号	04	终点坐标 X(Y)/mm	15	
刀柄长度/mm	100	终点坐标 Z(X)/mm	-87	
刀柄宽度/mm	20	螺纹长度/mm	28	
刀刃长度/mm	15	螺牙高度/mm	0.974	
刀尖宽度/mm	0.5	螺纹头数	1	
刀具角度/(°)	60	螺纹节距	恒定节距 1.5 mm	
进退刀方式		螺纹加工参数		
粗加工进刀方式	垂直		加工工艺类型	粗加工+精加工
粗加工退刀方式	垂直	快退距离 10 mm	末行走刀次数	1
精加工进刀方式	垂直		螺纹总深/mm	0.974
精加工退刀方式	垂直	快退距离 10 mm	粗加工深度/mm	0.9
切削用量			精加工深度/mm	0.074
速度设定	进退刀是否快速	是	粗加工参数	
	接近速度/(mm/min)		每行切入用量	恒定切入面积 第一刀行距 0.4 mm, 最小行距 0.2 mm
	退刀速度/(mm/min)			
	进刀量/(mm/r)	1.5	每行切入方式	沿牙槽中心线
主轴转速选项	恒转速/(r/min)	320	精加工参数	
	恒线速度/(m/min)		每行切入用量	恒定行距 0.075 mm
	主轴转速限制/(r/min)	2 000	每行切入方式	沿牙槽中心线
样条拟合方式	直线拟合			

切入切出点 Z = 5 mm，Y = 30 mm。

（2）根据螺纹加工参数设置汇总表，设置螺纹加工参数，如图 3.125 所示。

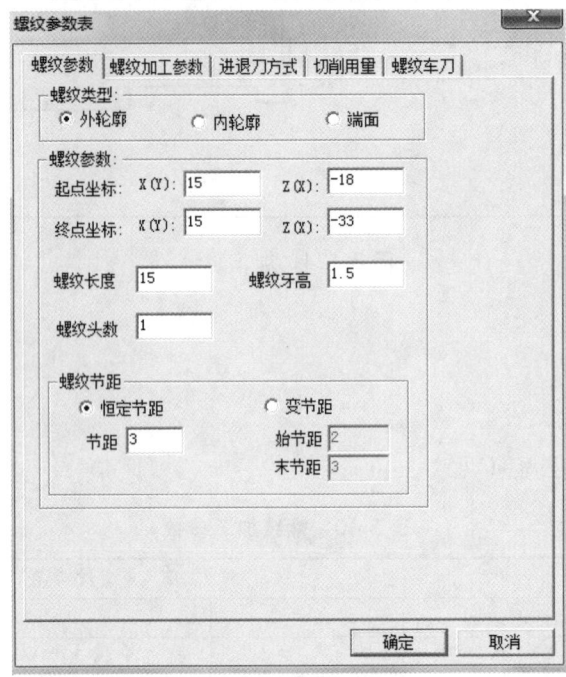

图 3.125　螺纹参数表

（3）刀具设置，如图 3.126 所示。

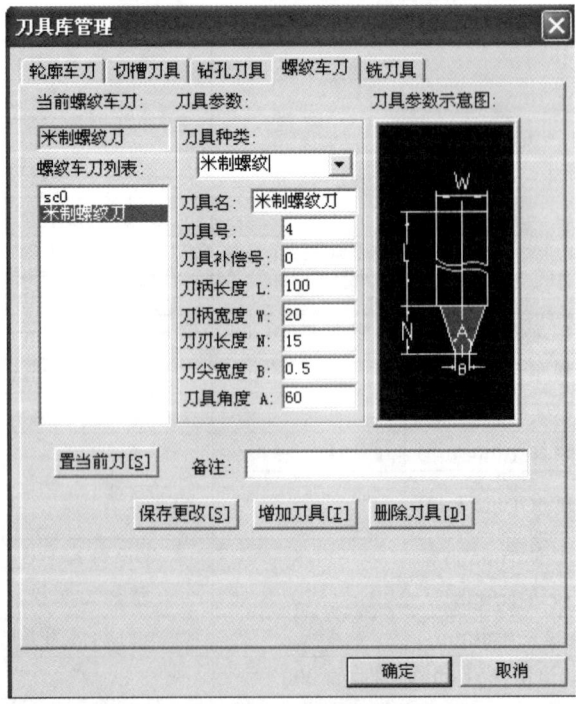

图 3.126　刀具库管理

(4)轨迹生成,如图 3.127 所示。

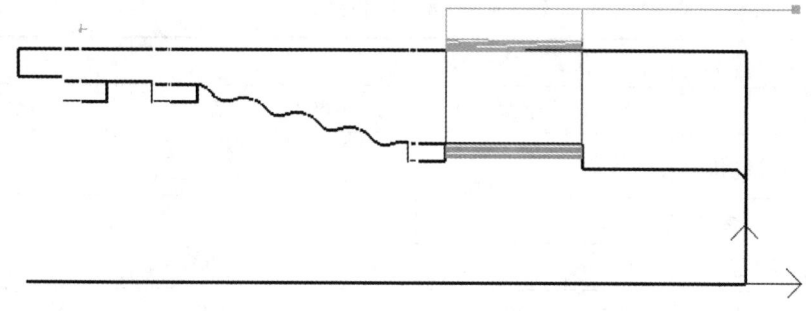

图 3.127 加工轨迹

(5)轨迹仿真。
(6)生成 G 代码。

3.8 零件 8(锯齿轴)的车削加工

3.8.1 零件 8 图纸

零件 8 尺寸如图 3.128 所示。

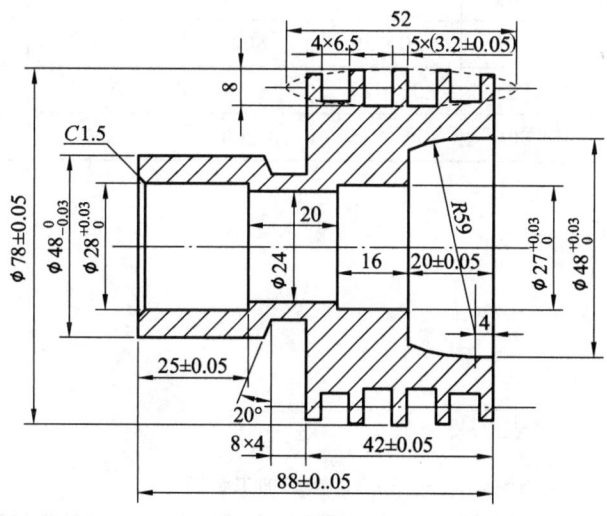

图 3.128 零件 8 尺寸

3.8.2 零件 8 车削工艺

本零件加工分 2 次装夹,第一次装夹加工左边,第二次掉头装夹。

1. 第一次装夹（见表3.41）

表3.41 第一次装夹工艺

工序号	程序编号	夹具名称		使用设备		车间	
		三爪卡盘		CJK6024数控车床		数控中心	
工步	工步内容	刀具号	刀具规格/mm	主轴转速/(r/min)	进给速度/(mm/r)	余量/mm	备注
1	粗车外表面	T02	25×25	800	0.2	0.3	自动
2	精车外表面	T03	25×25	1 200	0.15	0	自动
3	切退刀槽	T04	20×20	800	0.2	0	手/自动
4	粗车内表面	T05	25×25	800	0.2	0.3	自动
5	精车内表面	T06	25×25	1 200	0.15	0	自动

2. 第二次装夹（见表3.42）

表3.42 第二次装夹工艺

工序号	程序编号	夹具名称		使用设备		车间	
		三爪卡盘		CJK6024数控车床		数控中心	
工步	工步内容	刀具号	刀具规格/mm	主轴转速/(r/min)	进给速度/(mm/r)	余量/mm	备注
1	粗车外表面	T02	25×25	800	0.2	0.3	自动
2	精车外表面	T03	25×25	1 200	0.15	0	自动
3	切退刀槽	T04	20×20	800	0.2	0	手/自动
4	粗车内表面	T05	25×25	800	0.2	0.3	自动
5	精车内表面	T06	25×25	1 200	0.15	0	自动

3.8.3 零件8加工

3.8.3.1 零件第一次装卡加工

1. 粗车外表面

（1）粗车加工参数（见表3.43）

表3.43 粗车加工参数

刀具参数		快速退刀距离	L = 5 mm
刀具名	93°右手外圆偏刀	切削用量	
刀具号	T02	进退刀快速走刀	否
刀具补偿号	02	速度设定 接近速度/(mm/min)	5
刀柄长度/mm	120	退刀速度/(mm/min)	5

续表

刀具参数			快速退刀距离	L = 5 mm
刀具名	93°右手外圆偏刀		切削用量	
刀柄宽度/mm	25	速度设定	进给量/(mm/r)	0.2
刀角长度/mm	10		恒转速/(r/min)	800
刀尖半径/mm	1	主轴转速选项	恒线速度/(m/min)	
刀具前角/(°)	87		主轴最高转速/(r/min)	2 000
刀具后角/(°)	52		直线拟合	
轮廓车刀类型	外轮廓车刀	样条拟合方式	圆弧拟合	
对刀点方式	刀尖尖点		拟合最大半径/mm	999
刀具类型	普通车刀		加工参数	
刀具偏置方向	左偏	加工表面方式	外轮廓	
进退刀方式		加工方式	行切方式	
每行相对毛坯进刀方式	与加工表面成定角	L = 2 mm, A = 45°	加工精度/mm	0.1
	垂直	否	加工余量/mm	0.4
	矢量	否	加工角度/(°)	180
每行相对加工表面进刀方式	与加工表面成定角		切削行距/mm	3.5
	垂直	是	干涉前角/(°)	0
	矢量		干涉后角/(°)	50
每行相对毛坯退刀方式	与加工表面成定角	L = 2 mm, A = 45°	拐角过度方式	尖角
	垂直	否	反向走刀	否
	矢量	否	详细干涉检查	是
每行相对加工表面退刀方式	与加工表面成定角		退刀沿轮廓走刀	否
	垂直	是	刀尖半径补偿	编程考虑半径补偿
	矢量			

进退刀点:Z = 5 mm,X = 30 mm。

(2)定义毛坯,如图3.129所示。

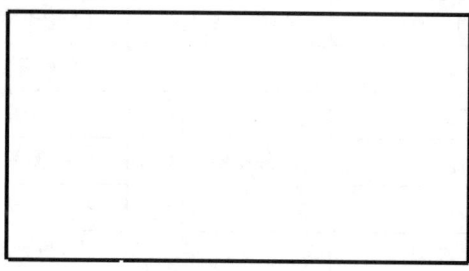

图 3.129 毛坯

（3）根据粗车加工参数表，确定加工参数，如图 3.130 所示。

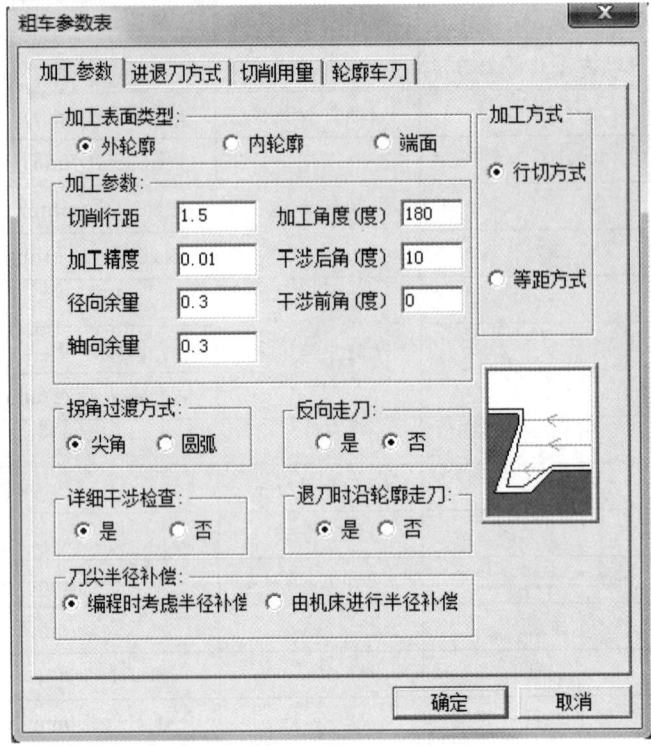

图 3.130 粗车参数表

（4）定义刀具，如表 3.44 和图 3.131 所示。

表 3.44 刀具参数

刀具参数		快速退刀距离	L = 5 mm
刀具名	93°右手外圆偏刀	切削用量	
刀具号	T02	进退刀快速走刀	否
刀具补偿号	02	接近速度/(mm/min)	5
刀柄长度/mm	120	速度设定	退刀速度/(mm/min)	5
刀柄宽度/mm	25	进给量/(mm/r)	0.2
刀角长度/mm	10	恒转速/(r/min)	800
刀尖半径/mm	1	主轴转速选项	恒线速度/(m/min)	
刀具前角/(°)	87	主轴最高转速/(r/min)	2 000
刀具后角/(°)	52	样条拟合方式	直线拟合	
轮廓车刀类型	外轮廓车刀	圆弧拟合	
对刀点方式	刀尖圆心	拟合最大半径/mm	999
刀具类型	普通车刀	加工参数	
刀具偏置方向	左偏	加工表面方式	外轮廓

续表

进退刀方式		加工方式	行切方式	
每行相对毛坯进刀方式	与加工表面成定角	L = 2 mm, A = 45°	加工精度/mm	0.1
	垂直	否	加工余量/mm	0.3
	矢量	否	加工角度/(°)	180
每行相对加工表面进刀方式	与加工表面成定角		切削行距/mm	3.5
	垂直	是	干涉前角/(°)	0
	矢量		干涉后角/(°)	50
每行相对毛坯退刀方式	与加工表面成定角	L = 2 mm, A = 45°	拐角过度方式	圆弧
	垂直	否	反向走刀	否
	矢量	否	详细干涉检查	是
每行相对加工表面退刀方式	与加工表面成定角		退刀沿轮廓走刀	否
	垂直	是	刀尖半径补偿	编程考虑半径补偿
	矢量			

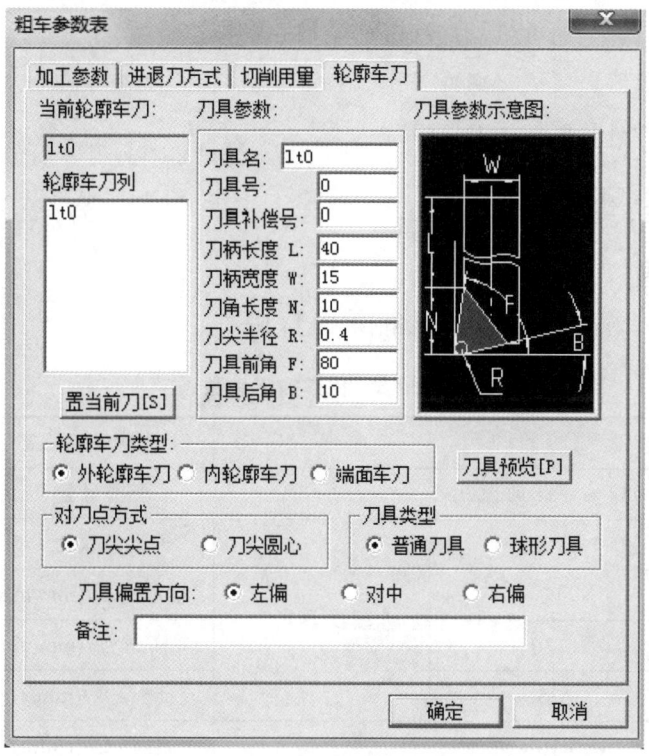

图 3.131　轮廓车刀

（5）轨迹生成，如图 3.132 所示。

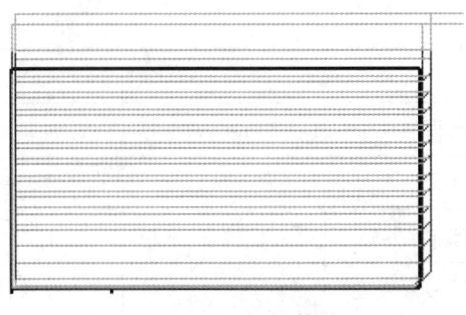

图 3.132　加工轨迹

（6）轨迹仿真。

（7）代码生成。

2．粗车内轮廓

参数同外轮廓粗加工，效果如图 3.133 所示。

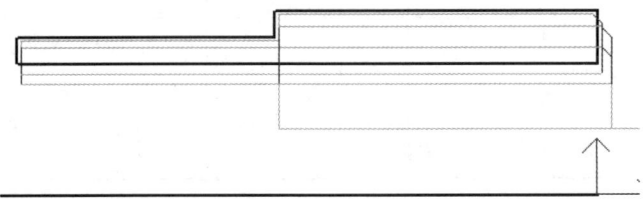

图 3.133　加工轨迹

3．精车内轮廓

参数同其他零件外轮廓精加工。

3.8.3.2　零件掉头第二次装卡加工

1．粗车外表面

（1）粗车加工参数设置，如表 3.45 和图 3.134 所示。

表 3.45　粗车加工参数

刀具参数		快速退刀距离	L = 5 mm
刀具名	93°右手外圆偏刀	切削用量	
刀具号	T02	进退刀快速走刀	否
刀具补偿号	02	接近速度/(mm/min)	5
刀柄长度/mm	120	速度设定	退刀速度/(mm/min)	5
刀柄宽度/mm	25	进给量/(mm/r)	0.2
刀角长度/mm	10	主轴转速选项	恒转速/(r/min)	800
刀尖半径/mm	1	恒线速度/(m/min)	

续表

刀具参数			快速退刀距离	L = 5 mm
刀具名	93°右手外圆偏刀		切削用量	
刀具前角/(°)	87	主轴转速选项	主轴最高转速/(r/min)	2 000
刀具后角/(°)	52	样条拟合方式	直线拟合	
轮廓车刀类型	外轮廓车刀		圆弧拟合	
对刀点方式	刀尖圆心		拟合最大半径/mm	999
刀具类型	普通车刀		加工参数	
刀具偏置方向	左偏	加工表面方式	外轮廓	
进退刀方式		加工方式	行切方式	
每行相对毛坯进刀方式	与加工表面成定角	L = 2 mm, A = 45°	加工精度/mm	0.1
	垂直	否	加工余量/mm	0.3
	矢量	否	加工角度/(°)	180
每行相对加工表面进刀方式	与加工表面成定角		切削行距/mm	3.5
	垂直	是	干涉前角/(°)	0
	矢量		干涉后角/(°)	50
每行相对毛坯退刀方式	与加工表面成定角	L = 2 mm, A = 45°	拐角过渡方式	圆弧
	垂直	否	反向走刀	否
	矢量	否	详细干涉检查	是
每行相对加工表面退刀方式	与加工表面成定角		退刀沿轮廓走刀	否
	垂直	是	刀尖半径补偿	编程考虑半径补偿
	矢量			

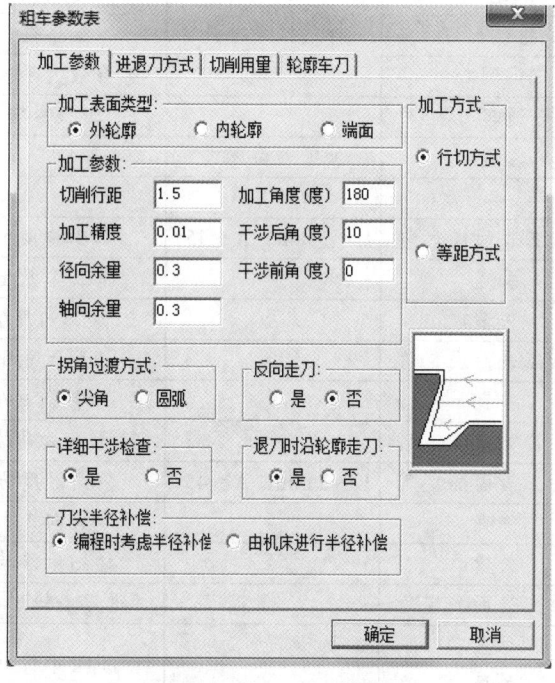

图 3.134 粗车参数表

(2)轨迹生成,如图 3.135 所示。

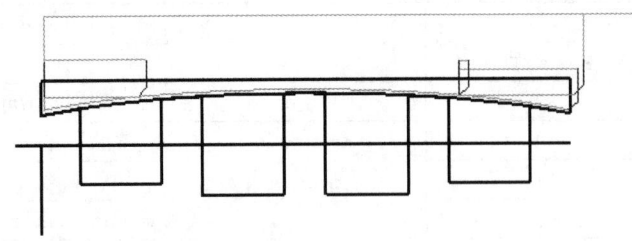

图 3.135 加工轨迹

2. 精 车

(1)精车加工参数设置,如表 3.46 和图 3.136 所示。

表 3.46 精车加工参数

刀具参数		快速退刀距离	L = 5 mm
刀具名	93°右手外圆偏刀	切削用量	
刀具号	T02	进退刀快速走刀	否
刀具补偿号	02	速度设定 接近速度/(mm/min)	5
刀柄长度/mm	120	退刀速度/(mm/min)	5
刀柄宽度/mm	25	进给量/(mm/r)	0.2
刀角长度/mm	10	主轴转速选项 恒转速/(r/min)	800
刀尖半径/mm	1	恒线速度/(m/min)	
刀具前角/(°)	87	主轴最高转速/(r/min)	2 000
刀具后角/(°)	52	样条拟合方式 直线拟合	
轮廓车刀类型	外轮廓车刀	圆弧拟合	
对刀点方式	刀尖圆心	拟合最大半径/mm	999
刀具类型	普通车刀	加工参数	
刀具偏置方向	左偏	加工表面方式	外轮廓
进退刀方式		加工方式	行切方式
每行相对毛坯进刀方式	与加工表面成定角	L = 2 mm,A = 45° 加工精度/mm	0.1
	垂直	否 加工余量/mm	0.3
	矢量	否 加工角度/(°)	180
每行相对加工表面进刀方式	与加工表面成定角	切削行距/mm	3.5
	垂直	是 干涉前角/(°)	0
	矢量	干涉后角/(°)	50
每行相对毛坯退刀方式	与加工表面成定角	L = 2 mm,A = 45° 拐角过渡方式	圆弧
	垂直	否 反向走刀	否
	矢量	否 详细干涉检查	是
每行相对加工表面退刀方式	与加工表面成定角	退刀沿轮廓走刀	否
	垂直	是 刀尖半径补偿	编程考虑半径补偿
	矢量		

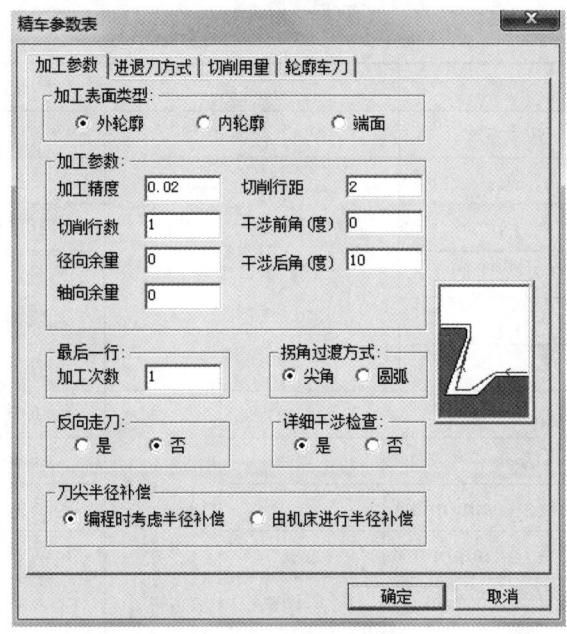

图 3.136 精车参数表

(2) 轨迹生成,如图 3.137 所示。

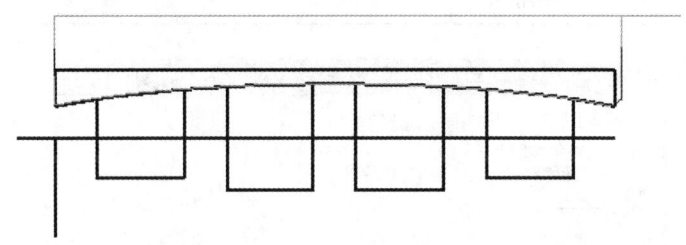

图 3.137 加工轨迹

3. 切 槽

(1) 切槽参数设置,如表 3.47 和图 3.138 所示。

表 3.47 切槽参数

刀具参数		槽加工参数	
刀具名称	切断刀	切槽表面类型	外轮廓
刀具号	T05	加工工艺类型	粗加工 + 精加工
刀具补偿号	05	加工方向	纵深
刀具长度/mm	30	拐角过度方式	圆角过度
刀具宽度/mm	2	切入方式	刀具只向下切
刀具刃宽/mm	2	毛坯余量/mm	0
刀尖半径/mm	0.2	选择角度/(°)	0
刀具引角/(°)	6	粗加工参数	加工精度/mm	0.1

续表

刀具参数		槽加工参数		
刀具名称	切断刀	切槽表面类型	外轮廓	
刀柄宽度/mm	20	粗加工参数	加工余量/mm	0.3
刀具位置/mm	18		延迟时间/s	0.5
编程刀位点	前刀尖圆心		平移步距/mm	1.8
			切深步距/mm	2
			退刀距离/mm	5
切削用量		精加工参数	加工精度/mm	0.01
速度设定	进退刀是否快速	是	加工余量/mm	0
	接近速度/(mm/mim)		末行加工次数	1
	退刀速度/(mm/min)		切削行数	1
	进给量/(mm/r)	0.15	退刀距离/mm	5
主轴转速选项	恒转速/(r/min)	800	切削行距/mm	0.5
	恒线速度/(mm/min)		刀尖编程补偿	编程考虑刀尖补偿
	最高转速/(r/min)	2 000		

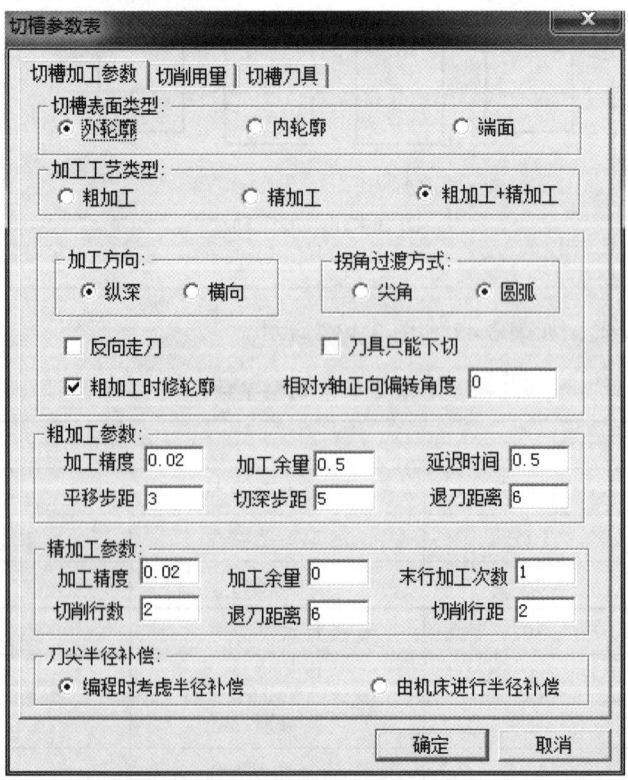

图 3.138 切槽参数表

（2）轨迹生成，如图3.139所示。

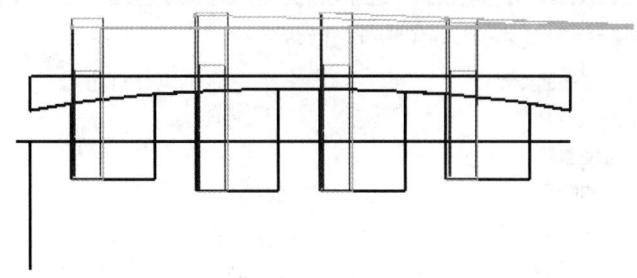

图 3.139　加工轨迹

4. 内轮廓粗车

（1）内轮廓粗车参数设置，如表3.48和图3.140所示。

表 3.48　内轮廓粗车参数

刀具参数		快速退刀距离	$L = 5$ mm
刀具名	内孔车刀	切削用量	
刀具号	T06	进退刀快速走刀	否
刀具补偿号	06	速度设定	接近速度/(mm/min)	5
刀柄长度/mm	120		退刀速度/(mm/min)	5
刀柄宽度/mm	20		进给量/(mm/r)	0.2
刀角长度/mm	10	主轴转速选项	恒转速/(r/min)	800
刀尖半径/mm	1		恒线速度/(m/min)	
刀具前角/(°)	80		主轴最高转速/(r/min)	2 000
刀具后角/(°)	15	样条拟合方式	直线拟合	
轮廓车刀类型	内轮廓车刀		圆弧拟合	
对刀点方式	刀尖圆心		拟合最大半径/mm	999
刀具类型	普通车刀	加工参数		
刀具偏置方向	左偏	加工表面方式	外轮廓	
进退刀方式		加工方式	行切方式	
每行相对毛坯进刀方式	与加工表面成定角	$L = 2$ mm, $A = 45°$	加工精度/mm	0.1
	垂直	否	加工余量/mm	0.3
	矢量	否	加工角度/(°)	180
每行相对加工表面进刀方式	与加工表面成定角		切削行距/mm	3.5
	垂直	是	干涉前角/(°)	0
	矢量		干涉后角/(°)	50
每行相对毛坯退刀方式	与加工表面成定角	$L = 2$ mm, $A = 45°$	拐角过渡方式	圆弧
	垂直	否	反向走刀	否
	矢量	否	详细干涉检查	是
每行相对加工表面退刀方式	与加工表面成定角		退刀沿轮廓走刀	否
	垂直	是	刀尖半径补偿	编程考虑半径补偿
	矢量			

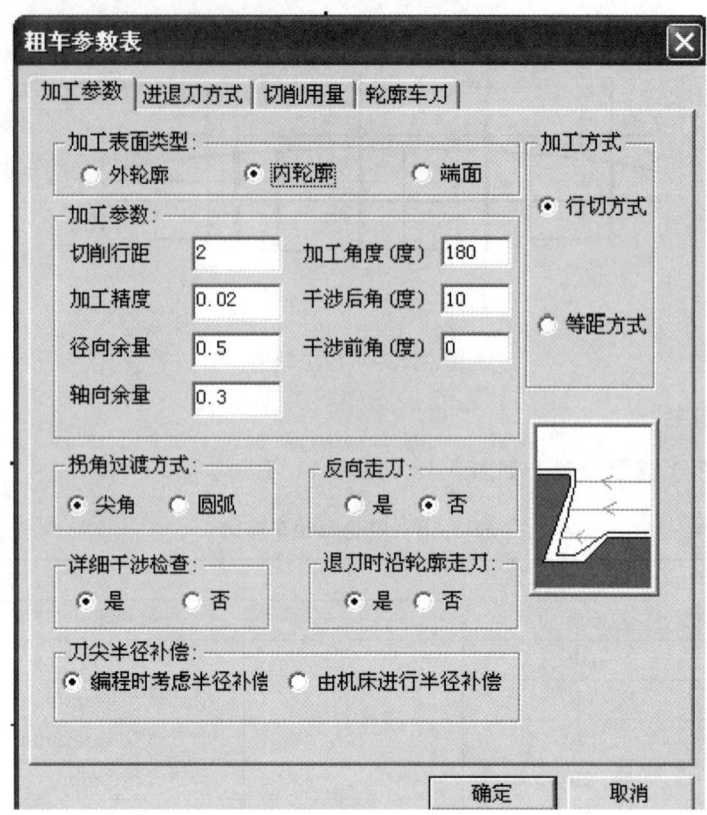

图 3.140　粗车参数表

（2）轨迹生成，如图 3.141 所示。

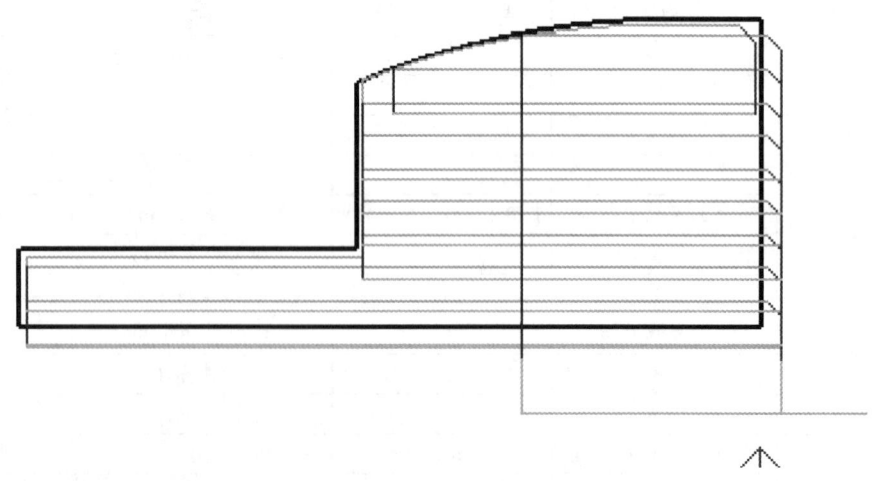

图 3.141　加工轨迹

5. 内轮廓精车

（1）内轮廓精车参数设置，如表 3.49 和图 3.142 所示。

表 3.49 内轮廓精车参数

刀具参数		快速退刀距离	L = 5 mm
刀具名	内孔车刀	切削用量	
刀具号	T06	进退刀快速走刀	否
刀具补偿号	06	接近速度/(mm/min)	5
刀柄长度/mm	120	退刀速度/(mm/min)	5
刀柄宽度/mm	20	进给量/(mm/r)	0.2
刀角长度/mm	10	恒转速/(r/min)	800
刀尖半径/mm	1	恒线速度/(m/min)	
刀具前角/(°)	80	主轴最高转速/(r/min)	2 000
刀具后角/(°)	15	直线拟合	
轮廓车刀类型	内轮廓车刀	圆弧拟合	
对刀点方式	刀尖圆心	拟合最大半径/mm	999
刀具类型	普通车刀	加工参数	
刀具偏置方向	左偏	加工表面方式	外轮廓
进退刀方式		加工方式	行切方式
每行相对毛坯进刀方式	与加工表面成定角 L = 2 mm, A = 45°	加工精度/mm	0.1
	垂直 否	加工余量/mm	0.3
	矢量 否	加工角度/(°)	180
每行相对加工表面进刀方式	与加工表面成定角	切削行距/mm	3.5
	垂直 是	干涉前角/(°)	0
	矢量	干涉后角/(°)	50
每行相对毛坯退刀方式	与加工表面成定角 L = 2 mm, A = 45°	拐角过度方式	圆弧
	垂直 否	反向走刀	否
	矢量 否	详细干涉检查	是
每行相对加工表面退刀方式	与加工表面成定角	退刀沿轮廓走刀	否
	垂直 是	刀尖半径补偿	编程考虑半径补偿
	矢量		

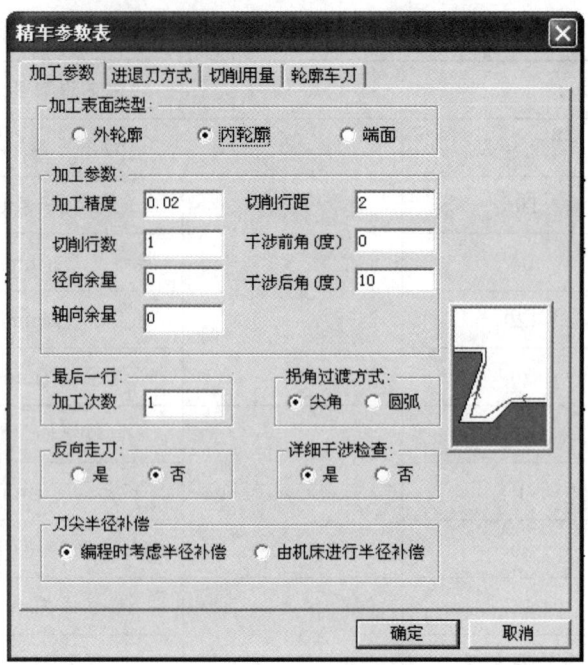

图 3.142　精车参数表

（2）轨迹生成，如图 3.143 所示。

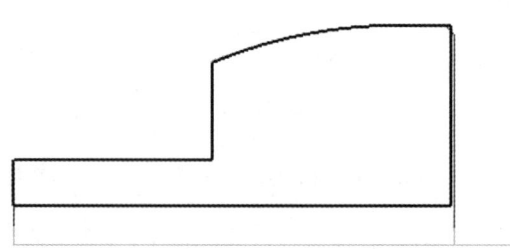

图 3.143　加工轨迹

参 考 文 献

[1] 陆素梅. CAD/CAM 基础与实训[M]. 北京：中国劳动社会保障出版社，2008.
[2] 丁建春. 计算机制图——CAXA[M]. 北京：中国劳动社会保障出版社，2007.
[3] 李春强，韩勇. CAD/CAM（CAXA 制造工程师）技术案例教程[M]. 北京：中国劳动社会保障出版社，2013.
[4] 张俊杰. CAD/CAM 应用技术（CAXA）[M]. 北京：中国劳动社会保障出版社，2012.
[5] 薛晓春. 零件数控车床加工[M]. 北京：中国劳动社会保障出版社，2013.
[6] 王吉连. 数控车削工艺编程与加工[M]. 北京：中国劳动社会保障出版社，2014.
[7] 徐静. 数控机床加工技术[M]. 北京：中国劳动社会保障出版社，2010.
[8] 宋乃林. 数控车床加工技术[M]. 3 版. 北京：中国劳动社会保障出版社，2006.